颜氏家训译注

（隋）颜之推 ◎ 著

全本
无
删减

名师
批注

无
障碍
阅读

有声
伴读

原创
手绘

北方妇女儿童出版社

图书在版编目（CIP）数据

颜氏家训译注 / (隋) 颜之推著. —— 长春：北方妇女儿童出版社, 2021.1

（悦享丛书）

ISBN 978-7-5585-4979-3

Ⅰ.①颜… Ⅱ.①颜… Ⅲ.①家庭道德—中国—南北朝时代②《颜氏家训》—译文③《颜氏家训》—注释 Ⅳ.①B823.1

中国版本图书馆CIP数据核字(2020)第261882号

颜氏家训译注
YANSHIJIAXUN YIZHU

出 版 人	师晓晖
责任编辑	张晓峰
装帧设计	旧雨出版
开　　本	787mm×1092mm　1/16
印　　张	12.5
字　　数	345千字
版　　次	2021年1月第1版
印　　次	2023年1月第1次印刷
印　　刷	北京市兴怀印刷厂
出　　版	北方妇女儿童出版社
发　　行	北方妇女儿童出版社
地　　址	长春市福祉大路5788号
电　　话	总编办：0431-81629600

定　　价　37.80元

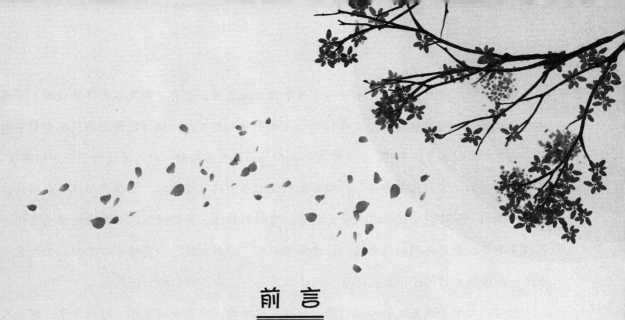

前 言
Preface

德国诗人歌德说过："读一本好书，就等于和一位高尚的人对话。"阅读中外文学名著，简直就是在和文学大师对话。他们创作的名著，纵贯古今，横跨中外，大浪淘沙，沙里淘金，成为全人类共同的宝贵财富。

名著是历史的回音壁，是自然的旅行册。它可以拉近古今的距离：我们阅读名著可以探访在时间长河中和我们擦肩而过的人，看看他们怎样面对生活。它可以缩短地域间的距离：我们阅读名著便可足不出户而卧游千山万水，体察各地的风土人情。

名著是全人类智慧的结晶，那里面充满了智者的箴言。谁读了《论语》《老子》，不觉得是大师们站在人类思想的巅峰上，为我们播撒智慧的种子？我们阅读他们的书，就是站在巨人的肩膀上俯瞰世界。

名著是人类感情的储藏室，是传承文明的火炬手。它们展示着人类审视、确认、表现自身情感的过程，表现出一种摆脱生活的琐杂而趋向美与高尚的努力，其深厚的底蕴总是能够在我们的生活中唤起这种寓于诗意的情怀，因而具有永恒的魅力。

名著是真、善、美的化身，是人类生活中难得的一片净土。大师们在炼狱中心灵首先得到了净化，他们的作品无处不放射着高尚的光辉。在紧张而浮躁的社会中，我们的心灵有时会由于四处奔波而疲惫，由于过于好斗而阴暗，这时阅读名著绝对能使我们变得宁静而高尚，在阅读的过程中抚慰心灵的创痕，涤荡心灵的浮尘。

本套丛书有《红楼梦》《水浒传》等中国传统名著，还有《钢铁是怎样炼成的》《格林童话》等国外经典名著。可以带领学生领略中外人文差异，徜徉思想之海，探索文字奥秘。编者在编制本套丛书时，本着学生的认知层面和生活经验，对原著进行了全方位解读。每一章节前加上了"精彩导读"，帮助他们获取本章的大致内容，增强总结能力；同时，在每一章的大量文段中选取了优美的词句，有精彩解读，帮助他们理解作者的情感变化、写作手法等，提升他们的写作技巧；在章节后有"精彩点拨"，总结中心思想，剖析艺术手法，加深他们的阅读印象；还有"阅读积累"，拓展了他们的知识层面。

　　相信广大学子读完这套为他们精心打造的丛书后一定能开阔眼界，增加智慧，健全人格，铸就人生的新境界！

编　者

学 问 速 递

作者素描

　　颜之推（531年—约597年），字介，生于江陵（今湖北江陵），祖籍琅琊临沂（今山东临沂），中国古代文学家、教育家。早传家业，12岁时听讲老庄之学，因"虚谈非其所好，还习《礼》《传》"，生活上"好饮酒，多任纵，不修边幅"。颜之推博览群书，为文辞情并茂，得梁湘东王赏识，19岁就被任为国左常侍。577年，北齐为北周所灭，他被征为御史上士。

　　581年，隋代北周，他又于隋文帝开皇年间，被召为学士，不久以疾终。著有北朝后期重要散文作品《颜氏家训》，在家庭教育发展史上具有重要影响。此作共二十篇，是颜之推为了用儒家思想教训子孙，以保持自己家庭的传统与地位而写出的一部系统完整的家庭教育教科书。

内容精讲

　　《颜氏家训》是中国历史上第一部内容丰富、体系宏大的家训，被称为中华"家训之祖"。

　　《颜氏家训》共二十篇。它们依次是《序致》《教子》《兄弟》《后娶》《治家》《风操》《慕贤》《勉学》《文章》《名实》《涉务》《省事》《止足》《诫兵》《养生》《归心》《书证》《音辞》《杂艺》《终制》。其中，教育思想最为集中的是《教子》《勉学》《涉务》三篇。

　　《颜氏家训》是一部学术著作。它阐述立身治家的方法，内容涉及许多领域。它强调教育体系应以儒学为核心，尤其注重对孩子的早期教育，并对儒学、佛学、历史、文字、民俗、社会、伦理等方面提出了自己独到的见解。文章语言流畅，内容质朴明快，说理深刻，有"篇篇药石，字字龟鉴"之誉，是我国古代伦理学、教育学的名著。书中所论述的教育思想是我国古代家庭教育思想史的一个重要里程碑。

《颜氏家训》对研究南北朝时期的历史也具有重要意义。作为产生于 6 世纪的一部教育史和学术名著，《颜氏家训》不但满足了封建士大夫阶层的需要，而且其中所反映的许多教育思想和教育方法构成了中国传统文化精华的一个组成部分，对现代教育具有普遍的启迪意义。

经典书评

中华民族传统文化博大精深，历朝历代并不缺乏家风门风的典范。"一门三进士，五子四登科"的文化现象并不少见。为延续辉煌家风，由此留下了许多流传后世的经典著作，成为后人修身、齐家的指路明灯。颜之推所著《颜氏家训》是一部系统完整的家庭教育教科书，是作者关于立身、治家、处事、为学的经验总结，在传统中国的家庭教育史上影响巨大，享有"古今家训，以此为祖"的盛誉。它集前代家训之大成，在严肃的道德传承和尊长期待中包含了浓郁、细致、深远的人文情怀。

对颜之推及其《颜氏家训》，著名历史学家范文澜先生有高度评价。他说："颜之推是当时最通博、最有思想的学者，深知南北政治、俗尚的弊病。"历史中的颜之推三经事变，身仕四朝，以一介儒生保持家业不坠，自有其独到之处。他对立身处世的经验之谈，对后人也自有其借鉴意义。历代学者对《颜氏家训》评价很高。诸如："六朝颜之推家法最正，相传最远。""北齐黄门颜之推《家训》二十篇，篇篇药石，盲言龟鉴，凡为子弟者，可家置一册，奉为明训，不独颜氏。""此书虽辞质义直，然皆本之孝悌，推以事君上，处朋友乡党之间，其归要不悖六经，而旁贯百氏。至辨析援证，咸有根据；自当启悟来世，不但可训思鲁、愍楚辈（颜之推之子辈）而已。""乃若书之传，以褆身，以范俗，为今代人文风化之助，则不独颜氏一家之训乎尔！""余观《颜氏家训》……其谊正，其意备，其为言也，近而不俚，切而不激。……足令顽秀并遵，贤愚共晓。"从历代学者对《颜氏家训》的这些评价可以看出《颜氏家训》对中国古代家庭教育的影响及其在中国古代教育史上的地位。

《左传》

　　《左传》，原名《左氏春秋》，又名《春秋左氏传》，简称《左传》，相传是春秋末期鲁国史官左丘明以孔子的《春秋》为蓝本而作。全书约十八万字，广泛地记载了春秋时期各诸侯国在政治、军事、外交等方面的活动，是研究先秦历史和春秋时期历史的重要文献，对后世的史学产生了很大影响，特别是对确立编年体史书的地位发挥了重要作用。

《尚书》

　　《尚书》是一本由先秦诸子所著的哲学论著，约成书于公元前5世纪，是我国第一部上古历史文件和部分追述古代事迹著作的汇编。《尚书》主要记载了从尧、舜、禹时代到东周历时约一千五百年的历史，基本内容是古代帝王的文告和君臣的谈话记录。书中文章结构渐趋完整，有一定的层次，并注意在命意谋篇上下功夫，标志着中国古代散文的初步形成。

《易经》

　　《易经》是阐述天地世间万象变化的古老经典，是博大精深的辩证法哲学书。包括《连山》《归藏》《周易》三部易书，其中，《连山》《归藏》已经失传，现存于世的只有《周易》。

　　《易经》蕴含着朴素深刻的自然法则与和谐辩证思想，是中华民族五千年智慧的结晶。其从整体的角度去认识和把握世界，把人与自然看作一个互相感应的有机整体，即"天人合一"。

　　《易经》长期被用作卜筮。卜筮就是对未来事态的发展进行预测，而《易经》便是总结这些预测的规律理论的书。《易经》被誉为诸经之首、大道之源，是中华传统文化的总纲领。含盖万有，纲纪群伦，是中华文化的杰出代表；广大精微，包罗万象，亦是中华文明的源头。其内容涉及哲学、政治、生活、文学、艺术、科学等诸多领域，是儒、道等各家共同的经典。

　　《易经》认为，天地万物都处在永不停息的发展之中，其阐述的就是"自然而然"的规律，这个规律被称为"道"。这个规律揭示了整个宇宙的特性，囊括了天地间所有事物的属性。"易"，一是"变易"，二是"简易"，三是"不易"。变易，是指变化之道，万事万物时时刻刻都在变化。简易，一阴一阳，囊括了万种事物之理；有天就有地，有上就有下，有前就有后，都是相反相成，对立统一。不易，虽然世间的事物错综复杂，变化多端，但是有一样东西是永远不变的，那就是规律；天地运行，四季轮换，寒暑交替，冬寒夏热，月盈则亏，日午则偏，物极必反，这便是规律。万事万物的发展皆有"定数"与"变数"，定数有规可循而变数无规可循；定数中含有变数，变数中又含有定数，无论是定数，还是变数，其大局皆不变。易有太极，太极生二仪，二仪生四象，四象生八卦。八卦成列，象在其中矣；因而重之，爻在其中矣；刚柔相推，变在其中矣；系辞焉而命之，动在其中矣。

吏部侍郎

主管丞相御史公卿之事。魏、晋以后称吏部，主管官吏任免、考课、升降、调动等事。班列次序，在其他各部之上。清末废，并入内阁。

管 仲

管仲（公元前723年—公元前645年），姬姓，管氏，名夷吾，字仲，谥敬，颍上（今安徽省颍上县）人。中国古代著名经济学家、哲学家、政治家、军事家。春秋时期法家代表人物，周穆王的后代。齐僖公三十三年（公元前698年），开始辅佐公子纠。齐桓公元年（公元前685年），得到鲍叔牙推荐，担任国相，辅佐齐桓公成为春秋五霸之首。对内大兴改革、富国强兵；对外尊王攘夷，九合诸侯，一匡天下，被尊称为"仲父"。齐桓公四十一年（公元前645年）病逝。后人尊称其为"管子"，被誉为"法家先驱""圣人之师""华夏文明保护者""华夏第一相"。

目 录

Contents

序致第一

精彩导读

　　自汉武帝"罢黜百家、独尊儒术"以来，道德伦理、家训格言一类的书连篇累牍，让人目不暇接。对于此种情况，颜之推称之为"犹屋下架屋，床上施床耳"。智者颜之推对此弊病早已洞若观火并找到了应对的策略。他的具体策略都是些什么呢？今天，就让我们通过他的《颜氏家训》去了解一下吧！

原　文

　　夫圣贤之书，教人诚孝①，慎言检迹，立身扬名，亦已备矣。魏、晋已来②，所著诸子，理重事复，递相模效③，犹屋下架屋，床上施床耳。吾今所以复为此者，非敢轨物范世也，业以④整齐门内，提撕子孙。夫同言⑤而信，信其所亲；同命而行，行其所服。禁童子之暴谑，则师友⑥之诚不如傅婢之指挥；止凡人之斗阋⑦，则尧、舜之道不如寡妻之诲谕⑧。吾望此书为汝曹之所信，犹贤于傅婢寡妻耳。

注　释

　　①诚孝：忠孝。②已来：以来。已，通"以"。③模效：模拟，仿效。④业以：用它来……⑤同言：相同的话。⑥师友：可以求教请益的人。一般指师长。⑦阋（xì）：争吵，争斗。⑧谕：使人理解。

译　文

　　古代圣贤著书立说的主要目的是教育人们要忠诚孝顺，不随便说话，行为要端庄稳重，创立宏伟大业，成就一世英名。这些道理，古人已经说得很详尽了。但是，自从魏、晋以来，阐述古代先哲明圣思想的著作，不管是在道理方面，还是内容方面，无不重复雷同，相互模仿，这样做就如同屋里建屋，床上放床，实在是多余。现在我又写这样的书，

并不敢拿它作为一般人的行为规范，只是用来整顿自家的门风，让后辈警醒罢了。同样的一句话，有的人会相信，因为说话的人是他们所亲近的人；同样的一个命令，有的人会执行，这是因为下命令的人是他们所信服的人。要想禁止小孩子过于淘气，那么师友的劝诫抵不过婢女的命令；要想制止兄弟之间的争斗，尧、舜的言传身教比不上他们妻子的训导与规劝。我希望这本书里面的道理能让你们信服，也希望它所起的作用胜过婢女对孩童、妻子对丈夫的作用。

原文

吾家风教①，素为整密。昔在龆龀，便蒙诱诲；每从两兄，晓夕温凊②，规行矩步，安辞定色，锵锵翼翼，若朝严君焉。赐以优言，问所好尚，励短引长，莫不恳笃。年始九岁，便丁③荼蓼，家涂④离散，百口索然。慈兄鞠⑤养，苦辛备至；有仁无威，导示不切。虽读《礼》《传》，微爱属文⑥，颇为凡人之所陶染，肆欲轻言，不修边幅。年十八九，少⑦知砥砺，习若自然，卒难洗荡，二十已后，大过稀焉；每常心共口敌，性与情竞，夜觉晓非，今悔昨失，自怜无教，以至于斯。追思平昔之指，铭肌镂骨，非徒⑧古书之诫，经目过耳也。故留此二十篇，以为汝曹后车⑨耳。

注释

①风教：家风与家教。②温凊：冬季温暖，夏季清凉。温，冬季准备好被子，使父母温暖。凊，通"庆"，夏季准备好扇子与凉席，给父母带来清爽。③丁：遭遇。④家涂：家道。⑤鞠：养。⑥属（zhǔ）文：写文章。⑦少：同"稍"。⑧徒：只，仅仅。⑨后车：后继之车，引申为借鉴。

译文

我们家的门风家教一向是严整缜密的。还在孩童的时候，我就时时得到长辈的指导教诲；学着我两位兄长的样子，早晚侍奉双亲，一举一动都按照规矩办事，神色安详，言语平和，走路小心恭敬，就像在拜见尊严的君王一样。长辈时时传授我佳言锦句，关心我的喜好，勉励我克服缺点，发扬优点，没有一样不是恳切深厚的。我长到九岁时，父亲就去世了，家道中衰，人丁冷落。慈爱的兄长尽其抚育之责，困苦辛劳达到极点；但他仁爱而没有威严，对我的督导就不够先前严厉了。虽然我读了《周礼》《左传》，也有些喜欢作文，但与一般平庸之人相交而受其熏染，放纵私欲，信口开河，又不注重衣着容貌的整洁。到十八九岁时，逐渐懂得要磨炼自己的品性了，但习惯成自然，最终还是难以彻底去掉不良习惯。二十岁以后，很少犯太大的过失了，经常是在信口开河时，心里就警觉起来而加以控制，理智与感情往往处于矛盾之态，夜晚觉察到白天的错误，今日追悔昨日的过失，自己意识到小时候没有得到良好的教育，这才发展到这种地步。追忆平素所立的志向，真是刻骨铭心，绝不仅是把古书上的告诫听一遍、看一遍。因此，我留下这二十篇家训，以此作为你辈的后车之鉴。

精彩点拨

　　本篇相当于全书的序，主要用来说明著述本书的宗旨和目的，讲解自己一生的生活经验和亲身感受。作者交代此书的写作目的为"整齐门内，提撕子孙"，就是要端正自家门风，教诲子孙后辈。作者提出了两个明确的观点：一是长辈对幼辈的耳提面命是非常重要的，二是家庭教育应从小抓起，宜早不宜迟。

阅读积累

《周礼》

　　《周礼》是儒家经典，相传为西周时期著名政治家、思想家、文学家、军事家周公旦所著。《周礼》所涉及之内容极为丰富，用来维护分封制。大至天下九州，天文历象；小至沟洫道路，草木虫鱼。凡邦国建制，政法文教，礼乐兵刑，赋税度支，膳食衣饰，寝庙车马，农商医卜，工艺制作，各种名物、典章、制度，无所不包，堪称上古文化史之宝库。

教子第二

精彩导读

　　本篇延续了教诲子孙的宗旨，较为详细地讨论了有关子女教育的问题。作者认为儿童的教育应从"婴稚"之时开始；强调教育子女应把握好严厉与慈爱的尺度；举例说明父母对孩子过分溺爱的害处。作者认为，要确保教育效果，首先要树立威严；其次要一视同仁；最后要强调思想品德教育的重要性。让我们细细品读吧！

原文

　　上智不教而成，下愚虽教无益，中庸之人^①，不教不知也。古者，圣王有胎教之法：怀子三月，出居别宫，目不邪视，耳不妄听，音声滋味，以礼节^②之。书之玉版，藏诸金匮^③。生子咳提，师保固明孝仁礼义，导习之矣。凡庶纵不能尔，当及婴稚^④，识人颜色，知人喜怒，便加教诲，使为则为，使止则止。比及数岁，可省笞^⑤罚。父母威严而有慈，则子女畏慎而生孝矣。吾见世间，无教而有爱，每不能然；饮食运为，恣^⑥其所欲，宜诫翻奖，应诃^⑦反笑，至有识知，谓法当尔。骄慢已习，方复制之，捶挞至死而无威，忿怒日隆而增怨，逮于成长，终为败德。孔子云："少成若天性，习惯如自然"是也。俗谚曰："教妇初来，教儿婴孩。"诚哉斯语^⑧！

注释

　　①中庸之人：中等智力的人，普通人。②节：约束，限制。③匮：柜子。后来写作"柜"。④稚：儿童。⑤笞（chī）：用竹杖、荆条打。⑥恣：放纵。⑦诃：同"呵"，怒斥、喝斥。⑧诚哉斯语：主谓倒置。

智力超群的人，不用教育他就能成才；智力迟钝的人，虽然教育他也没有用处；智力中等的人，不教育他就不会明白事理。古时候，圣王有所谓胎教的方法：王后怀太子到三个月时，就要搬到专门的房间，不该看的就不看，不该听的就不听，音乐、饮食都按礼节制。这种胎教的方法都写在玉版上，藏在金柜里。太子两三岁时，师保就已经确定好了，从那时起开始对他进行孝、仁、礼、义的教育训练。普通平民纵然不能如此，也应当在孩子知道辨认大人的脸色、明白大人的喜怒时，开始对他们加以教诲，叫他去做，他就能去做，叫他不做，他就不会去做。这样，等到他长大时，就可不必对他打竹板处罚了。当父母的平时威严而且慈爱，子女就会敬畏谨慎，从而产生孝心。我看这人世上，父母不知教育而只是溺爱子女的，往往不能这样，他们对子女的吃喝玩乐任意放纵，本应告诫子女的，反而奖励，本应呵责，反而面露笑容，等到子女懂事，还以为按道理本当如此。子女骄横傲慢的习气已经养成了，才去制止它，把子女鞭抽棍打个半死也树立不起威信，对子女火气一天天增加，招致子女的怨恨，等到子女长大成人，终究是道德败坏。孔子说："少成若天性，习惯如自然。"便是这个道理。俗话又说："教媳妇趁新到，教儿子要赶早。"这句话一点不假啊！

原文

凡人不能教子女者，亦非欲陷其罪恶；但重^①于诃怒伤其颜色^②，不忍楚^③挞惨其肌肤耳。当以疾病为谕，安得不用汤药针艾^④救之哉？又宜思勤督训者，可愿苛虐于骨肉乎？诚不得已也。

注释

①但：只，仅仅。重：难，不愿意。②颜色：脸色，神色。③楚：荆条，古时用作刑杖。引申为用刑杖打人。④针艾：针灸。有中医用针具刺，用艾熏灼。

译文

一般人不去教育子女，也并不是想让子女去犯罪，只是不愿意看到子女受责骂而脸色沮丧，不忍心子女被荆条抽打受皮肉之苦罢了。这应该用治病来打比方，子女生了病，父母怎么能不用汤药针艾去救治他们呢？也应该为那些勤于督促训导子女的父母想一想，

难道他们愿意虐待自己的亲骨肉吗？确实是不得已啊。

原 文

王大司马①母魏夫人，性甚严正。王在湓城时，为三千人将，年逾四十，少不如意，犹捶挞之，故能成其勋业。梁元帝②时，有一学士，聪敏有才，为父所宠，失于教义。一言之是③，遍于行路④，终年誉之；一行⑤之非，掩⑥藏文饰，冀其自改。年登婚宦⑦，暴慢日滋⑧，竟以言语不择，为周逖⑨抽肠衅鼓云。

注 释

①王大司马：王僧辩，字君才，南朝梁人。②梁元帝：萧绎（508年—554年），字世诚。南朝梁皇帝。武帝第七子。③是：正确。④行路：路人。⑤行：做，执行。⑥掩：掩盖，遮蔽。⑦婚宦：结婚和做官。这里指成年。⑧滋：滋长。⑨周逖（tì）：据《陈书》记载，"其人强暴无信义"。

译 文

大司马王僧辩的母亲魏老夫人品性十分严谨方正。王僧辩在湓城时，是三千士卒的统帅，年纪已过四十了，但稍微不称魏老夫人的意，老夫人就用棍棒教训他。所以，王僧辩才能成就功业。梁元帝的时候，有一位学士，聪明有才气，从小被父亲宠爱，疏于管教：他若一句话说得漂亮，当爹的巴不得使过往行人都晓得，一年到头都挂在嘴上；他若一件事有了闪失，当爹的为他百般遮掩粉饰，希望他能悄悄改掉。

学士成年以后，凶暴傲慢的习气是一天赛过一天，终究因为说话不检点而得罪了周逖，其被杀掉后，肠子被抽出，血被拿去涂抹战鼓。

原 文

父子之严①，不可以狎②；骨肉之爱，不可以简③。简则慈孝不接④，狎则怠慢⑤生焉。由命士以上，父子异宫，此不狎⑥之道也；抑搔痒痛，悬衾箧枕，此不简之教也⑦。或问曰："陈亢⑧喜闻君子之远其子，何谓也？"对曰："有是也。盖君子之不亲教其子也。《诗》⑨有讽刺之辞，《礼》有嫌疑之诫，《书》⑩有悖乱之事，《春秋》⑪有邪僻之讥，《易》⑫有备物之象：皆非父子之可通言⑬，故不亲授⑭耳。"

注 释

①严：威严。②狎：亲近而不庄重。③简：简慢。④慈孝不接：是说慈和孝不能接触，就是慈和孝都做不好。⑤怠慢：懈怠轻忽。⑥狎（xiá）：狎昵，亲昵。⑦抑搔痒痛，悬衾箧枕，此不简之教也：是说为父母按摩止痛止痒、铺床叠被，这是不简慢礼节的办法。⑧陈亢：孔子的学生。⑨《诗》：《诗经》的简称。儒家经典之一。⑩《书》：《尚书》的简称。儒家经典之一。⑪《春秋》：即编年体《春秋》史。儒家经典之一。相传系孔子依据鲁国史官所编《春秋》整理修订而成。⑫《易》：《周易》的简称。也称《易经》。儒家重要经典之一。相传为周朝人所作。⑬通言：互相谈论。⑭授：传授。

译 文

以父亲的威严，就不应该对孩子过分亲昵；以至亲的相爱，就不应该不拘礼节。不拘礼节，慈爱孝敬就都谈不上了；如果过分亲昵，那么放肆不敬之心就会产生。从有身份的读书人往上数，他们父子之间都是分室居住的，这就是不过分亲昵的道理；当晚辈的替长辈抓搔、收拾卧具，这就是讲究礼节的道理。有人要问："陈亢这人很高兴听到君子与自己的孩子保持距离的事，这究竟是什么意思呀？"我要回答说："不错啊，大约君子是不亲自教授自己孩子的。因为《诗》里面有讽刺骂人的诗句，《礼》里面有不便言传的告诫，《书》里面有悖礼作乱的记载，《春秋》里面有对淫乱行为的指责，《易》里面有备物致用的卦象，这些都不是当父亲的可以向自己孩子直接讲述的，所以君子不亲自教授自己的孩子。"

原 文

人之爱子，罕亦能均①；自古及今，此弊多矣。贤俊者自可赏爱，顽鲁者亦当矜怜②。有偏宠者，虽欲以厚之，更所以祸之。共叔之死，母实为之；赵王③之戮，父实使之。刘表④之倾宗覆族，袁绍⑤之地裂兵亡，可为灵龟⑥明鉴也。

注 释

①均：同样。此处有一视同仁之意。②矜怜：怜悯，同情。③赵王：赵隐王如意。汉高祖与戚姬所生之子。④刘表（142年—208年）：字景升，东汉末期山阳高平（位于今山东鱼台）人。东汉远支皇族。⑤袁绍（？—202）：字本初，东汉末期汝南汝阳（位于今

河南商水）人。在与各地势力的混战中，据有冀、青、幽、并四州，成为当时地广兵多的割据势力。建安五年（200年）在官渡为曹操所败，不久病死。⑥灵龟：龟名。旧时用于占卜。

译 文

人们喜爱自己的孩子，却很少有能够一视同仁的。从古到今，这中间的弊端可够多了。那聪颖伶俐又漂亮的孩子当然值得赏识喜爱；那愚蠢迟钝的孩子也应该对他怜悯同情才是。有那偏宠孩子的人，虽然想以自己的爱厚待他，反而以此加害他。共叔段的死实际就是他母亲造成的。赵王如意被杀实际是他的父亲造成的。其他如刘表的宗族倾覆袁绍的兵败地失，这些事例都像灵龟、明镜一样可供借鉴啊。

原 文

齐朝有一士大夫，尝谓吾曰："我有一儿，年已十七，颇晓书疏①，教其鲜卑语及弹琵琶，稍欲通解，以此伏②事公卿，无不宠爱，亦要事也。"吾时俛而不答。异哉，此人之教子也！若由此业，自致③卿相，亦不愿汝曹为之。

注 释

①书疏：奏疏、信札之类。②伏：通"服"。③致：到。

译 文

齐朝有一位士大夫，曾经他对我说："我有个孩子，现在已经十七岁了，非常通晓公文的书写，我教他讲鲜卑语、弹奏琵琶，他逐渐地快掌握了，用这些特长去为王公们效劳，没有不宠爱他的，这也是一件紧要的事啊。"当时我低着头，没有回答。这个人教育孩子的方法真令人诧异啊！假如因干这种职业就是当上宰相，那我也不愿让你们去干。

精彩点拨

　　本篇主要阐述了对士大夫子弟的教育问题。文中例举了两个正、反教子的事例，孰是孰非一目了然。比喻论证的手法让抽象的道理变得具体形象。现代心理学指出：一岁左右的婴儿的自主意识开始发展，慢慢能够"识人颜色，知人喜怒"，所以我们对孩子教得越早，麻烦越少。父母不督导子女，爱人往往变成害人，这不禁让人感叹而深思。今天的父母应该明白：放手，才能握在手！文中例举典型事例：共叔段之死实际上是他母亲造成的；赵王如意被杀其实是他父亲造成的；"爱之深，责之切"变成了"爱之深，害之切"，让人深思啊！

阅读积累

梁元帝

　　萧绎（508年—554年），字世诚，小字七符，自号金楼子，汉族，南兰陵（今江苏武进）人。南北朝时期梁代皇帝（552年—554年在位），梁武帝萧衍第七子，梁简文帝萧纲之弟。历史记载里说他善画佛画、鹿鹤、景物写生，技巧全面，尤其善于画域外人的形貌。其传世的《职贡图》是北宋年间的摹本。

兄弟第三

　　作者认为夫妇、父子和兄弟"一家之亲，此三而已矣"，指出这是人伦中最重要的三种关系。在宗法制度长期延续的中国，父子是纵向代际传承，兄弟是横向的关系，二者是伦理关系的组成部分，而和睦的兄弟关系更是家庭单位的表率。那么，作者是怎样具体阐释的呢？让我们阅读本文吧！

原文

　　夫有人民而后有夫妇，有夫妇而后有父子，有父子而后有兄弟：一家之亲，此三而已矣。自兹以往，至于九族①，皆本于三亲焉，故于人伦为重者也，不可不笃②。

注释

　　①九族：指本身以上的父、祖、曾祖、高祖和以下的子、孙、曾孙、玄孙。另一种算法是父族四、母族三、妻族二，合为"九族"。②笃：诚笃，忠实。此处是认真对待的意思。

译文

　　有了人类以后才有夫妇，有了夫妇以后才有父子，有了父子以后才有兄弟：一个家庭中的亲人就这三者而已。以此类推，直到产生出九族，都是源于"三亲"，对于人伦关系来说，三亲是最为重要的，不能不加以重视。

原文

　　兄弟者，分形连气①之人也。方其幼也，父母左提右挈②，前襟后裾③，食则同案，衣则传服④，学则连业⑤，游则共方⑥，虽⑦有悖乱之人，不能不相爱也。及其壮⑧也，各妻其妻，各子其子，虽有笃厚之人，不能不少衰也。娣姒⑨之比兄弟，则疏薄矣；今使疏薄之人，而节量⑩亲厚之恩，犹方底而圆盖，必不合矣。惟友⑪悌深至，不为旁人⑫之所移者，免夫！

注释

①连气：又称"同气"。指兄弟同为父母所生，气息相同相连。②挈：提携。③前襟后裾：襟，上衣的前幅。裾，上衣的后幅。前襟后裾，指兄弟有的拉父母的衣前襟，有的牵父母的衣后摆。④传服：指大的孩子穿过的衣服再传给小的孩子穿。⑤连业：指哥哥用过的经籍，弟弟又接着用。业，旧时书写经典的大版，引申为书本。⑥共方：同去一个地方。⑦虽：即使。⑧壮：壮年。古人三十岁以上为壮年。⑨娣姒（dì sì）：兄弟之妻互称，兄妻为姒，弟妻为娣，后称妯娌。⑩节量：节制度量之意。⑪友：兄弟间相亲相爱。⑫旁人：其他人，局外人。此处指妻子。

译文

兄弟同是一母所生，形体各异，而气息相通的人。他们小的时候，父母左手拉一个，右手牵一个；这个扯着父母的前襟，那个抓住父母的后摆；吃饭是用一个餐盘；穿衣是哥哥穿过的传给弟弟；学习是弟弟用哥哥用过的课本；游玩是在同一个地方。即使有悖礼胡来的人，兄弟间也不会不相互爱护。等到他们长大成人以后，各自娶了妻子，各自都有了孩子，虽然有忠诚厚道的人，但兄弟间的感情却是逐渐减弱。妯娌比起兄弟来，关系就更是疏远淡薄了。现在让关系疏远淡薄者来决定关系亲密者之间的关系，这就如同给方形的底座配上圆形的盖子，一定是合不拢的。只有相亲相爱、感情至深，才不会受妻子影响而改变兄弟的关系，才可以避免发生上述情况。

原文

二亲既殁①，兄弟相顾，当如形之与影，声之与响②；爱先人之遗体③，惜己身之分气，非兄弟何念哉？兄弟之际，异于他人，望深④则易怨，地亲则易弭⑤。譬犹居室，一穴则塞之，一隙则涂之，则无颓毁之虑；如雀鼠之不恤⑥，风雨之不防，壁陷楹⑦沦，

无可救矣。仆妾之为雀鼠，妻子之为风雨，甚哉！

注 释

①殁：死亡。②响：回声。③先人之遗体：先人，指死去的父母。遗体，所敬重之人的尸体。此处的"先人之遗体"不可解释为父母躯体，而是指兄弟躯体，因为兄弟都是从父母身上分离出来的。④望深：要求过高。⑤地：居住。此处有"相处"之意。亲：亲近。弭：消除，停止。此处指解除隔阂，停止纠纷。⑥恤：忧虑。⑦楹：厅堂前部的柱子。

译 文

父母死后，兄弟间互相照顾，应当如同身体和它的影子、音响和它的回声那样密切。互相爱护先辈所给予的躯体，互相珍惜从父母那里分得的血气，如果不是兄弟，又有谁会这样互相爱怜呢？兄弟之间的关系与别人不一样，相互期望过高就容易产生不满，而接触密切，不满也容易得到消除。就像一间居室，有一个洞就立刻堵上，有一条缝隙就马上涂盖，这样就不可能有倒塌的忧虑了。如果对雀子、老鼠的危害不放在心上，对风雨的侵蚀不加以提防，就会致使墙壁倒塌，楹柱摧折，没法儿补救了。仆妾比起雀子、老鼠，妻子比起风雨，其危害更甚。

原 文

兄弟不睦，则子侄不爱；子侄不爱，则群从①疏薄；群从疏薄，则僮仆为仇敌矣。如此，则行路皆蹴其面而蹈②其心，谁救之哉？人或交天下之士，皆有欢爱，而失敬于兄者，何其能多而不能少③也！人或将数万之师，得其死力，而失恩于弟者，何其能疏而不能亲④也！

注 释

①群从：指堂兄弟及其子侄。②蹈（jí）：践踏。蹈：踏，踩。③能多：指"交天下之爱皆有欢爱"，天下之士为数多。不能少：指"失敬于兄"，兄为数少。④能疏：指"将数万之师得其死力"，数万之师和己疏。不能亲：指"失恩于弟"，弟和己不亲。

译 文

如果兄弟之间不能和睦，子侄辈之间就不能互相爱护；如果子侄辈之间不互相爱护，家庭中的子弟辈们就会关系疏薄；如果子弟辈们关系疏薄，那童仆之间就可能成为仇敌。这样，过往路人都可以任意欺辱他们，谁又能够救助他们呢？有的人能够结交天下之士，相互之间都能快乐友爱，而对自己的哥哥却缺乏敬意，为什么对多数人可以做到的，而对少数人却不行呢！有人能统领几万军队，使部属以死效力，而对自己的弟弟却缺乏恩爱，为什么对关系疏远的人能够做到的，对关系亲密的人却不行呢！

原 文

娣姒者，多争之地也，使骨肉居之①，亦不若各归四海，感霜露而相思②，伫日月之相望③也。况以行路之人，处多争之地，能无间④者，鲜⑤矣。所以然者，以其当公务而执私情⑥，处重责而怀薄义也；若能恕⑦己而行，换子而抚，则此患不生矣。

注 释

①骨肉居之：此指亲姊妹成为娣姒。②感霜露而相思：感叹霜露的出现还能触发彼此的思念之情。③伫日月之相望：日月各为东西，总会等到相望之时。④间：隔阂，疏远。⑤鲜（xiǎn）：少。⑥当公务：这里指为兄弟同居的大家庭办事。执私情：指娣姒各为自己的小家室打算。⑦恕：宽恕，原谅。

译 文

娣姒之间容易产生纠纷，即使是同胞姊妹，让她们成为娣姒住在一起，也不如让她们远嫁各地，这样，她们反而会因感受霜露的降临而相互思念，仰观日月的运行而彼此遥相盼望。何况娣姒本来就是陌路之人，处在容易闹纠纷的环境里，彼此之间能够不产生嫌隙的就非常少了。之所以会这样，主要是因为大家面对家庭中的集体事务时却出以私情，肩负重大的家庭责任，却心怀个人的区区恩义。如果她们都能够本着仁爱之心行事，把别人的孩子当成自己的孩子那样加以爱抚，则这种弊端就不可能产生了。

原 文

人之事兄，不可同于事父，何怨爱弟不及爱子①乎？是反照而不明也。沛国②刘瓛尝与兄瓛连栋隔壁③，瓛呼之数声不应，良久方答；瓛怪问之，乃曰："向来④未着衣帽故也。"以此事兄，可以免⑤矣。

注 释

①怨爱弟不及爱子：指（弟弟）埋怨兄长爱弟弟不如爱他自己的儿子。②沛国：古时国名。位于今安徽淮河以北、河南夏邑、江苏沛县一带。东汉时期称沛国。③刘瓛：字子珪，南齐沛郡相人。性至孝。笃志好学，博通五经，当世推为大儒。④向来：刚才。⑤免：避免。此处是免除隔阂之意。

译 文

有人不肯以对待父亲的态度来敬事兄长，又怎么能埋怨兄长对自己不如对他家孩子恩爱呢？以此反观就可看出自己缺乏自知之明。沛国的刘瓛曾与哥哥刘瓛住房只隔着一道墙壁，有一次，刘瓛喊叫刘瓛，连叫几声都没有答音，过了很长时间才听见刘瓛答应他。刘瓛感到奇怪，问他原因，他说："因为刚才还没有穿戴好衣帽。"以这样的态度敬奉兄长，就可以免除隔阂了。

精彩点拨

本篇主要是谈论家庭成员间的相处问题，认为兄弟之情是除父母、子女之外最为深厚的一种感情，而在以男权为主的社会里，兄弟之间的相亲相爱对于整个家族的团结、和睦、治理、稳定是十分重要的。作者根据自己的见闻，同时论述了影响兄弟友谊的一些不利因素，并提出了防范的办法。不过在儒家的集体主义下，兄弟之间的疏远，比如，分家，不仅是由妻子或妯娌间的冲突所致，更可能是成年男人要开展其新的人生阶段及树立独立的人生观而迈出的一步，这是成年男人生命成长的代价。文中有歧视女性的话语，例如，"仆妾之为雀鼠，妻子之为风雨"，有诋毁女性之嫌。我们在阅读文章时要学会正确取舍。

三亲六戚

　　三亲六戚，三亲即指宗亲、外亲、妻亲，六戚即指父亲、母亲、兄长、弟弟、妻子、儿女这六种亲属。

　　一、"宗亲"：父系的亲属。就是与自己同一亲属的亲人，以及他们的配偶，像父母、祖父母、叔伯以及婶婶、兄弟姐妹，这是与自己同一姓氏最亲近的血缘关系。

　　二、"外亲"：母系的亲属。就是指母亲家里的父母、兄弟姐妹，虽然他们与自己不同姓氏，但在自己出生之前就已经结成血缘关系了，所以是第二重要的亲族。

　　三、"妻亲"：妻系的亲属。就是妻子的直系亲属，这种亲缘关系是后天的，是由于婚姻的关系所组成的，因此最远。

后娶第四

精彩导读

　　这一篇主要讨论妻子死后丈夫再娶之事。颜夫子在本篇大谈后娶之害，对续弦不以为然。作者从哪些角度、哪些方面进行了阐述和分析？你如何看待作者的这些观点？让我们通过阅读《后娶第四》来寻找答案吧！

原文

　　吉甫，贤父也，伯奇，孝子也。以贤父御①孝子，合得终于天性，而后妻间之，伯奇遂放。曾参②妇死，谓其子曰："吾不及吉甫，汝不及伯奇。"王骏③丧妻，亦谓人曰："我不及曾参，子不如华、元④。"并终身不娶，此等足以为诫。其后，假继⑤惨虐孤遗，离间骨肉⑥，伤心断肠者，何可胜数。慎之哉！慎之哉！

注释

　　①御：（上对下）治理。此处是管教或教诲之意。②曾参（公元前505年—公元前436年）：即曾子，名参，字子舆，春秋末期鲁国南武城（位于今山东费县）人。孔子的学生。以孝著称。③王骏：西汉成帝时期大臣。④华、元：即曾华、曾元。曾参的两个儿子。⑤假继：继母。孤遗：前妻留下的孩子，因已失去生母，故亦称"孤"。⑥离间骨肉：此处指后母挑拨前妻之子与其生父发生矛盾和争执。

译文

　　吉甫是一位贤明的父亲，伯奇是一位孝顺的儿子，让贤明的父亲来教导孝顺的儿子，应该能够称心如意吧。但吉甫的后妻从中进行挑拨，于是伯奇就被父亲放逐了。曾参的妻子死后，他拒绝再续娶，并对儿子说："我不如吉甫贤明，你们也赶不上伯奇孝顺。"王骏在妻子死后，也对别人说了相同的理由："我不如曾参，我的孩子也不如曾华、曾元。"他们都终身不再另娶。这些事例都足以为诫。在曾参、王骏之后，继母残酷虐待前妻的孩子、离间父子骨肉的关系，令人伤心断肠的事不可胜数，因此，对娶后妻的事要特别慎重啊！慎重啊！

原文

　　江左①不讳庶孽，丧室之后，多以妾媵②终家事；疥癣蚊虻，或未能免，限以大分，故稀斗阋之耻。河北鄙于侧出③，不预人流，是以必须重娶，至于三四，母年有少于子者。后母之弟④，与前妇之兄，衣服饮食，爰及婚宦，至于士庶贵贱之隔，俗以为常。身没⑤之后，辞讼盈公门，谤辱彰⑥道路，子诬母为妾，弟黜⑦兄为佣，播扬先人之辞迹，暴露祖考之长短⑧，以求直己者，往往而有。悲夫！自古奸臣佞⑨妾，以一言陷人者众矣！况夫妇之义，晓夕移⑩之，婢仆求容，助相说引，积年累月，安有孝子乎？此不可不畏。

注释

　　①江左：江东。指长江在芜湖以下的南岸地区，长江在此为东北流向，旧时地理上东为左，西为右，因此称江左。此处也是东晋及南朝时期的根据地。②妾媵（yìng）：旧时诸侯之女出嫁，从嫁的妹妹和侄女叫妾媵。后来广义地称正妻以外的婢妾为妾媵。③侧出：此处指婢妾所生子女。④后母之弟：后母生之子，对前母生之子来说就是弟弟。前妇之兄：前母所生之子，对后母所生之子来说是兄。⑤没：同"殁"，死亡。⑥彰：显扬，公开。⑦黜：贬斥。⑧长短：是非，好坏。⑨佞（nìng）：花言巧语进行谄媚他人。⑩移：改变，变化。

译文

　　江东一带不避讳纳妾生子，正妻死后，大多是以妾媵主持家事。这样，小的摩擦或许不能避免，但限于妾媵的身份地位，也很少发生兄弟内讧那种耻辱的事。在河北一带瞧不起妾媵所生的孩子，不让他们平等参与各种家庭或社会事务，这样，在妻子死去以后，就一定要再娶一位，甚至娶三四位，以至后母的年龄比前妻的儿子还小。后妻所生的儿子与前妻所生的儿子他们的衣服饮食，一直到婚配做官，竟然有像士庶贵贱那样的区别，而当地习俗认为这是很正常的。这样的家庭，在父亲死后，往往打官司会挤破衙门，路上都能听得到诽谤辱骂之声。前妻之子诬蔑后母是小老婆，后母之子贬斥前妻之子当佣仆，他

们四处传扬先辈的隐私，暴露祖宗的长短，以此来证明自己的正直，这种人时时出现。可悲啊！从古到今的奸臣佞妾用一句话就害了别人的太多了！何况凭夫妇的情义，早晚会改变男人的心意，婢女、男仆为讨得主人欢喜，帮着劝说引诱，积年累月，怎么可能还有孝子？这不能不让人恐惧。

原　文

凡庸之性①，后夫多宠前夫之孤，后妻必虐前妻之子；非唯妇人怀嫉妒之情，丈夫有沉惑②之僻，亦事势使之然也。前夫之孤，不敢与我子争家，提携鞠养，积习生爱，故宠之；前妻之子，每居己生之上，宦③学婚嫁，莫不为防焉，故虐之。异姓④宠则父母被怨，继亲⑤虐则兄弟为仇，家有此者，皆门户⑥之祸也。

注　释

①庸：此处指平常人或普通人。性：习性，品性。②沉惑：沉迷，迷惑。③宦：旧时指做官。④异姓：此处指前夫之子。⑤继亲：继母，后母。⑥门户：家门，家庭。

译　文

常人的秉性，后夫大多宠爱前夫留下的孩子，后妻则必定虐待前妻丢下的骨肉。并不是只有妇人才会心怀嫉妒之情，男人才有一味溺爱的毛病，这也是事物的情势令他们这样的。前夫的孩子不敢与自己的孩子争夺家业，而从小照顾抚养他，日积累月就能够产生爱心，因此就宠爱他；前妻的孩子地位往往在自己孩子之上，读书做官，男婚女嫁，没有一样不要提防，因此说要虐待他。后夫宠爱前夫的孩子，父母就会遭到怨恨，后母虐待前妻的孩子，兄弟之间就会变成仇人，如果哪家有这种事，这都是家庭的祸害啊！

精彩点拨

在本篇中，作者引用了大量事例说明对待妻子死亡后续弦一事要慎之又慎。作者从历史、地域等不同的角度说明后娶的妻子往往会与前妻的子女产生矛盾，从而导致"离间骨肉"，崩析家庭，甚至导致"子诬母""弟黜兄"等情况。颜之推生活的南北朝距今有一千多年，现今读来难免有偏见之嫌。作者认为后妻善妒，甚至会"离间骨肉"，其实这跟古代"传嫡不传庶"的时代环境有着密切关系。幸好，现今社会法律无嫡庶之分，人们也相对开明，这样的事情也较少发生。

阅读积累

曾子

曾子，姒姓，曾氏，名参，字子舆，鲁国南武城（今山东平邑，一说山东嘉祥）人。春秋末期思想家，儒家大家，孔子晚年弟子之一，儒家学派的重要代表人物，夏禹后代。其父曾点，字皙，七十二贤之一，子曾申同师孔子。倡导以"孝恕忠信"为核心的儒家思想、"修齐治平"的政治观、"内省慎独"的修养观。"以孝为本"的孝道观至今仍具有极其宝贵的社会意义和实用价值。曾子参与编制了《论语》，撰写《大学》《孝经》《曾子十篇》等作品。

治家第五

精彩导读

作者在本篇主要阐述了治家的观点。早在《礼记·大学》中就有"欲治其国者，先齐其家"的看法，人们视齐家为治国的前提。颜之推提出了哪些观点并加以论述呢？让我们仔细阅读《治家第五》吧！

原文

夫风化①者，自上而行于下者也，自先而施于后者也。是以②父不慈则子不孝，兄不友③则弟不恭，夫不义则妇不顺矣。父慈而子逆，兄友而弟傲，夫义而妇陵④，则天之凶民，乃刑戮之所摄⑤，非训导之所移⑥也。

注释

①风化：风俗，教化。②是以：因此。"是"，前置宾语，即"以是"。③友：友爱，亲近。④陵：通"凌"，欺侮。⑤摄：通"慑"，使人畏惧。⑥移：改变。

译文

教育感化的事是从上向下推行延续，前人影响后人的。所以，父亲不慈爱，子女就不可能孝顺；哥哥不友爱，弟弟就不可能恭敬；丈夫不仁义，妻子就不可能和顺。父亲慈爱而子女忤逆，哥哥友爱而弟弟倨傲，丈夫仁义而妻子凶悍，那便是天生的凶民，只有靠刑罚杀戮来让他们畏惧，而不是靠训导能够加以改变的。

原文

笞怒废于家，则竖子之过立见①；刑罚不中，则民无所措手足②。治家之宽猛，亦犹国焉。

注释

①竖子：童仆。也用作对他人的蔑称，可译为小子。过：错误，过失。见（xiàn）：同现，出现。②刑罚不中，则民无所措手足：意思是刑罚不能恰如其分，老百姓就会不知如何行为才好。中：合适，确当。措：安放。

译文

家庭内部取消体罚，孩子们的过失立刻就会出现；刑罚施用不当，老百姓就不知如何是好。治家的宽严、标准也与治国一样。

原文

孔子曰："奢则不孙①，俭则固②；与其不孙也，宁固。"又云："如有周公③之才之美，使骄且吝，其余不足④观也已。"然则可俭而不可吝已。俭者，省约为礼之谓也；吝者，穷急不恤之谓也。今有施则奢，俭则吝；如能施而不奢，俭而不吝，可矣。

注释

①孙：同"逊"，恭顺。②固：鄙陋。③周公：姓姬，名旦，亦称叔旦，周文王姬昌的第四个儿子。因封地在周（今陕西岐山北），故称周公或周公旦。是西周初期杰出的政治家、军事家和思想家，被尊为儒学奠基人，孔子一生最崇敬的古代圣人之一。④足：足以，值得。

译文

孔子说："奢侈就显得不恭顺，俭朴就显得鄙陋；与其不恭顺，宁可鄙陋。"孔子又说："假如一个人有周公那样好的才能，但只要他既骄傲，又吝啬，那其他方面也是不

足道的。"既然这样，那么应该节俭而不应该吝啬了。节俭，即是减省节约以合乎礼数；吝啬，即是对穷困急难的人也不救济。现在愿意施舍的却也奢侈，能节俭的却又吝啬，假如能做到肯施舍而不奢侈，能节俭而不吝啬，那就可以了。

原 文

生民①之本，要当稼穑而食②，桑麻③以衣。蔬果之畜④，园场之所产；鸡豚⑤之善，埘⑥圈之所生。爰及栋宇器械⑦，樵苏脂烛⑧，莫非种殖⑨之物也。至能守其业者，闭门而为生之具⑩以足，但家无盐井⑪耳。今北土风俗，率能躬俭节用，以赡⑫衣食；江南⑬奢侈，多不逮焉。

注 释

①生民：人民。②收获谷物。稼穑而食：种植五谷以获取食物。稼：播种谷物。穑：收到谷物。③桑麻：指农事。④畜：积聚，储藏。⑤豚：本指小猪，此处泛指猪。⑥埘（shí）：墙壁上挖洞做成的鸡窠。⑦栋宇：房屋。器械：泛指用具。⑧樵苏：打柴割草以充燃料，此处指充当燃料用的柴草。脂烛：用油脂做的蜡烛。⑨莫非：没有不是。种植：耕种，养殖。⑩为生之具：维持生活的必需品。⑪盐井：产盐的井。此处是说产盐。⑫赡：供给。⑬江南：泛指长江以南。常和"江左"一词互用。

译 文

人民生活的根本就是要靠春种秋收来获取食物，种桑纺麻得到衣服。蔬菜水果的聚积是靠果园菜圃里出产；鸡肉猪肉等美味是靠鸡窝猪圈里产生。直到房屋器用、柴草脂烛，无不是耕种养殖的产物。那些最善于管理家畜的人不出门而各种维持生计的物品已经充足了，只不过家里还缺少一口产盐的井罢了。现在北方地区的风俗一般能做到减省节约，以保障衣食之用；江南地区风气奢侈，在节俭持家方面大多不如北方。

原 文

梁孝元①世，有中书舍人，治家失度，而过严刻②。妻妾遂共货③刺客，伺醉而杀之。

注释

①梁孝元：梁元帝萧绎。②严刻：严厉苛刻。③货：贿赂。

译文

梁朝孝元帝的时候，有位中书舍人，治家缺乏一定的法度，待家人过于严厉苛刻。于是其妻妾就共同买通刺客，乘他喝醉不防时杀了他。

原文

世间名士①，但务②宽仁；至于饮食饷馈，僮仆减损，施惠然诺③，妻子节量④，狎侮宾客，侵耗⑤乡党⑥：此亦为家之巨蠹⑦矣。

注释

①名士：旧时指以学术诗文等著称的知名士人。②务：追求，讲究。③然诺：应允诺言。④节量：节制数量。⑤侵耗：侵吞克扣。⑥乡党：泛指乡里。⑦蠹（dù）：蛀虫。这里指危害家庭的人或事。

译文

世上的一些名士只知道讲究宽厚仁慈，以致款待客人馈赠的食品被童仆减损，承诺接济亲友的东西被妻子把持控制，甚至发生狎弄侮辱宾客、侵吞克扣扰乱乡里的事，这也是家里的一大弊害。

原文

齐吏部侍郎房文烈，未尝嗔怒，经霖雨绝粮，遣婢籴①米，因尔逃窜，三四许②日，方复擒之。房徐③曰："举家④无食，汝何处来？"竟无捶挞。尝寄⑤人宅，奴婢彻⑥屋为薪略⑦尽，闻之颦蹙⑧，卒无一言。

注 释

①籴（dí）：买。②许：左右。③徐：慢，缓。④举家：全家。⑤寄：借。⑥彻：通"撤"，拆毁。⑦略：大略，大概。⑧颦蹙（pín cù）：皱眉蹙额，不高兴的样子。

译 文

齐朝的吏部侍郎房文烈从来都不生气发怒，一次由于连续几天降雨，家中断缺了粮食，房文烈派一名婢女出去买米，婢女乘机逃跑了，过了三四天才把她抓住。房文烈只是语气平和地对她说："一家人都没吃的了，你跑哪里去啦？"竟然没有痛打婢女。房文烈曾经把房子借给别人居住，奴婢们把房子拆了当柴烧，差不多都要拆光了，他听到后，皱了皱眉头，始终没说一句话。

原 文

太公①曰："养女太多，一费也。"陈蕃②曰："盗③不过五女之门。"女之为累，亦以深矣。然天生烝④民，先人传体，其如之何⑤？世人多不举女，贼行⑥骨肉，岂当如此，而望福于天乎？吾有疏亲，家饶妓媵，诞育将及，便遣阍竖⑦守之。体有不安，窥窗倚户，若生女者，辄⑧持将去；母随号泣，使人不忍闻也。

注 释

①太公：姜太公。西周开国名臣。②陈蕃：汉代人。字仲举，汝南平舆（今河南省平舆县）人，祖上曾为河东太守。③盗：盗窃的人。④烝：众多。⑤如之何：如……何，把……怎么样。⑥贼行：残害。⑦阍（hūn）竖：守门的童仆。⑧辄：就。

译 文

姜太公说："女儿养得太多，实为一种耗费。"陈蕃说："盗贼也不光顾有五个女儿的家庭。"女儿带来的拖累也太深重了。但天生众民，先辈传下的骨肉，你拿她怎么办呢？一般人通常都不愿抚养女儿，生下的亲骨肉对其也要加以残害，这样做，难道还期望老天赐福给你吗？我有一个远亲，家中多有姬妾，有谁产期快要到的时候，就派看门人去监守。一旦产妇身体不安，就从门窗往里窥视，如果生下的是女孩，就立即抱走，母亲随之号啕大哭，真让人不忍心听下去。

原文

妇人之性，率宠子婿①而虐儿妇。宠婿，则兄弟②之怨生焉；虐妇，则姊妹③之谗行焉。然则女之行留④，皆得罪于其家者，母实为之。至有谚云："落索阿姑餐⑤。"此其相报也。家之常弊，可不诫哉！

注释

①率：通常。子婿：女婿。②兄弟：此处指女儿的兄弟。③姊妹：此处指儿子的姊妹。④行：此处指女儿出嫁。留：这里指娶进儿媳妇。⑤落索阿姑餐：意思是婆婆吃顿饭都要受到冷落。落索，冷落萧索。阿姑，指婆婆。

译文

女人的秉性多为宠爱女婿而虐待儿媳。宠爱女婿，则儿子的不满就由此而产生；虐待儿媳，则女儿的谗言就随之而至。那么不论是嫁女儿，还是娶儿媳，都要得罪家人，这实在是当母亲的造成的。以致有谚语说："阿姑吃饭好冷清。"这是对她的报应啊。这是家庭中经常出现的弊端，能不警戒吗！

原文

婚姻素对①，靖侯②成规。近世嫁娶，遂有卖女纳财③，买妇输绢④，比量⑤父祖，计较锱铢⑥，责⑦多还少，市井⑧无异。或猥⑨婿在门，或傲妇擅⑩室，贪荣求利，反招羞耻，可不慎欤！

注释

①对：对当。指婚姻门当户对的"对"。②靖侯：颜之推的九世祖颜含死后加封的称号。颜含，字宏都，东晋人。③卖女纳财：嫁女收受财礼就等于出卖女儿。④买妇输绢：娶儿媳妇向女方送厚礼就等于买进媳妇。⑤比量：比较。⑥锱铢：锱、铢都是旧时很小的重量单位。比喻极微小的数量。⑦责：责求，索取。⑧市井：旧时指做买卖的地方。此处是做买卖。⑨猥：卑污，下流。⑩擅：独揽。

译 文

男女婚配要挑选对当，这是先祖靖侯立下的规矩。近来嫁女儿、娶媳妇，竟然有卖女儿捞钱财，用钱财买媳妇的。为子女选择配偶时，比较算计对方父辈祖辈的权势地位，斤斤计较对方财礼的多寡；女方要求得多，男方应允得少，这与商人没有差别。结果招的女婿猥琐鄙贱，娶来的媳妇凶悍擅权。他们贪荣求利，反而招来羞耻，对此，不能不慎重啊！

原 文

吾家巫觋①祷请，绝于言议；符书章醮②，亦无祈焉，并汝曹所见也。勿为妖妄之费。

注 释

①巫觋（xí）：旧时称女巫为巫，男巫为觋，合称巫觋。②符书：道士用墨笔或朱笔在纸上画的用于驱使鬼神、治病延年的符，纯属骗人的迷信活动。章醮：醮本是一种祷神的祭礼，后来僧道称给天曹上奏章做祈祷的活动为章醮。

译 文

我家从来不请巫婆神汉求神驱鬼消灾赐福，也不祈求道士用符书章醮弄法，这些都是你们看到的。可不能为这类妖妄之事破费。

精彩点拨

本篇主要探讨了治家的一些基本理论和方法，并对此做了一些总结。作者站在历史的角度，通过考察研究认为：治理家庭必须自上而下，也就是说，父母在子女面前必须率先垂范，做出榜样。另外，对于家庭的治理要做到勤俭，对子女的教育要宽严适度，要有仁慈宽厚之心。子女的婚嫁影响到他们的一生，父母更要有正确的态度和立场，不可贪荣求利而毁了他们的幸福。同时作者还特别强调：治家要从小事做起，不能有一丝一毫的马虎。接着，本文还比较了南北地区的妇女在家庭地位上的差异，描述了重男轻女和虐待儿媳的现象。作者认为，作为下人的榜样，一家之主不能一味讲究宽厚仁慈，这是颜之推从生活中得出的经验之谈，即使在今天也是值得借鉴的。

姜太公

姜子牙，姜姓，吕氏，名尚，字子牙，号飞熊，商末周初的政治家、军事家、韬略家，周朝开国元勋，兵学奠基人。曾垂钓于渭水之滨，遇见西伯侯姬昌，拜为"太师"（武官名），尊称太公望，成为首席智囊，辅佐姬昌建立霸业。周武王即位后，尊为"师尚父"，成为周国军事统帅。辅佐武王消灭商纣，建立周朝，册封齐侯，定都于营丘，成为吕氏齐国的缔造者、齐文化的创始人。辅佐执政周公旦，平定内乱，开疆扩土，促成成康之治。周康王六年，病逝于镐京，后世推崇备至，历代皇帝和文史典籍尊其为兵家鼻祖、武圣、百家宗师。唐肃宗时期，追封其为武成王，设立武庙祭祀。宋真宗时期，追谥昭烈。

风操第六

精彩导读

　　风操是指士大夫的风度节操。士大夫向来推崇"修身齐家治国平天下"。如果说《治家第五》所讨论的是"齐家"，那么这篇所讨论的就是"修身"。作者论述了与"修身"有关的哪些内容？又是怎样论述的呢？让我们带着疑问来品读吧！

原文

　　吾观《礼经》①，圣人②之教：箕帚匕箸③，咳唾唯诺，执烛沃盥，皆有节文④，亦为至矣。但既残缺，非复全书；其有所不载，及世事变改者，学达君子，自为节度⑤，相承行之，故世号士大夫风操⑥。而家门⑦颇有不同，所见互称长短；然其阡陌⑧，亦自可知。昔在江南，目能视而见之，耳能听而闻之；蓬生麻中⑨，不劳翰墨。汝曹生于戎马之间，视听之所不晓，故聊记录，以传示子孙。

注释

　　①《礼经》：本指《仪礼》，也称《士礼》。因此处下文所言均为《礼记》"曲礼"和"内则"上的语意，故当指《礼记》。②圣人：道德智能极高的人。③匕箸：勺、匙、筷子之类的取食用具。④节文：节制修饰。⑤节度：调度，权衡。⑥风操：风度节操。⑦家门：家庭。⑧阡陌：本指田间纵横交错的小路。此处是途经的意思。⑨蓬生麻中：语出《荀子·劝学》，此处比喻人受环境的影响。

译文

　　我看那《礼经》，上面有圣人的教诲：为长辈清扫秽物时应该怎样使用畚箕、扫帚，进餐时应该怎样使用匙子、筷子，在父母、公婆面前应该持怎样一种行为姿态，在酒席宴会上应该有些什么规矩，服侍长辈洗手又应该怎么进行，这些都有一定的节制规范，说得也特别周详。但这部书已经残缺，不再是全本；有些礼仪规范，书上也没有记载，有些则需根据世事的变化做相应的调整。博学通达的君子自己去权衡度量，递相承受而推行之，于是人们就把这些礼仪规范称为士大夫风操。然而各个家庭自有不同，对所见到的礼仪规范看法不同，但它们的大致路径还是清楚的。过去我途经江南的时候，对这些礼仪规范耳闻目睹，早已深受其熏染，就如同蓬蒿生长在麻之中，不用规范也长得很直一样。你们生长在战乱年代，对这些礼仪规范当然是看不见也听不到的，因此我姑且把它们记录下来，以此传示子孙后代。

原文

《礼》曰："见似目瞿，闻名心瞿①。"有所感触，恻怆心眼；若在从容平常②之地，幸须申其情耳。必不可避，亦当忍之。犹如伯叔兄弟，酷类先人，可得终身肠断，与之绝耶？又："临文不讳，庙中不讳，君所无私讳③。"益知闻名，须有消息，不必期于颠沛④而走也。梁世谢举，甚有声誉，闻讳必哭，为世所讥。又有臧逢世，臧严⑤之子也，笃学修行，不坠门风。孝元经牧⑥江州，遣往建昌督事，郡县民庶⑦，竞修笺书，朝夕辐辏，几案盈积，书有称"严寒"者，必对之流涕⑧，不省取记，多废公事，物情⑨怨骇，竟以不办而还。此并过事也。

注释

①见似目瞿，闻名心瞿：这两句出自《礼记·杂记》。意谓看到容貌与父母相似的人就目惊，听到和父母相同的名字就心惊。②从容平常：正常情况。③临文不讳，庙中不讳，君所无私讳：意思是说，做文章时用到本应避讳的字可以不避讳；在宗庙里祭祀时，祭祀者（指小辈）可以称被祭者的名字而不必避讳；在君主面前不应避自己父祖的名讳。④期：一定要。颠沛：倾跌，脚步忙乱不稳。此处用来形容闻先人名讳后立即趋避的狼狈相。⑤臧严：字彦威。梁朝文士。幼有孝性，孤贫勤学，行止书卷不离手。⑥经牧：经略治理。也就是任刺史。⑦民庶：民众。⑧书有称"严寒"者，必对之流涕：臧逢世因父名为"严"，故见到写有"严寒"二字的书信就对着流泪。⑨物情：人情。

译 文

《礼记》上说："看见与过世父母相似的容貌，听到与过世父母相同的名字，都会心跳不安。"这主要是因为有所感触而引发了内心的哀痛。如果在气氛和谐的地方发生这类事，可以把这种感情表达出来。遇到实在无法回避的，也应该忍一忍。就比如自己的叔伯兄弟，相貌有酷似过世父母的，难道你能因此而一辈子伤心断肠，同他们绝交吗？《礼记》上还说过："写文章时不用避讳，在宗庙祭祀不用避讳，在国君面前不避私讳。"这就让我们进一步懂得了在听到先人的名字时，应该先斟酌一下自己应当采取的态度，不一定非得立马窘迫趋避不可。梁朝的谢举很有声誉，但听到别人称先父母的名字就要哭，引得世人对他讥笑。还有一位臧逢世，是臧严的儿子，其特别爱好学习，修养品行，不失书宦人家的门风。梁元帝任江州刺史时，派他到建昌督促公事，当地黎民百姓纷纷写信来函，信函集中到官署，堆得案桌满满的。这位臧逢世在处理公务时，凡见信函中出现"严寒"一类字样，必然对之掉泪，不再察看回复，所以经常耽误公事。人们对此既不满，又感到诧异，最终他因不会办事而被召回。以上所举都是些避讳不当的例子。

原 文

近在扬都①，有一士人讳审，而与沈氏交结周厚，沈与其书，名而不姓②，此非人情也。

注 释

①扬都：东晋、南朝的京城建康，旧名建邺，即今江苏南京市。因系扬州治所，故称扬都。②名而不姓：署上名而不写姓。因为其人姓沈，"沈"与"审"同音，所以写上"沈"字就犯了对方的讳。

译 文

最近在扬都，有位读书人忌讳"审"字，他与一位姓沈的士人交情很深厚，姓沈的给他写信，落名时只写名而不写姓，这就不近人情了。

原文

　　凡避讳者，皆须得其同训①以代换之：桓公②名白，博③有五皓之称；厉王④名长，琴有修短之目。不闻谓布帛为布皓，呼肾肠为肾修也。梁武⑤小名阿练，子孙皆呼练为绢；乃谓销炼物为销绢物，恐乖⑥其义。或有讳云者，呼纷纭为纷烟；有讳桐者，呼梧桐树为白铁树，便似戏笑耳。

注 释

　　①同训：意思相同或相近的词。训，指词义解释。②桓公：齐桓公（？—公元前643年）。春秋时期齐国国君。姜姓，名小白。公元前685—公元前643年在位。即位后，任用管仲进行改革，国力富强；"尊王攘夷"，借以发展自己的势力，成为春秋时期第一个霸主。③博：博戏，旧时一种棋局。④厉王：淮南王刘长（公元前198年—公元前174年）。汉高祖少子。高祖十一年（公元前196年）封。文帝即位后，骄横不法，因阴谋叛乱而被拘，贬谪于途中不食而死。⑤梁武：梁武帝萧衍（464年—549年），字叔达，南兰陵（在今江苏常州）人。南朝梁的建立者。502年—549年年在位。此前曾任齐朝雍州刺史，镇守襄阳。乘齐内乱，起兵夺取帝位。信奉佛教。长于文学，精乐律，善书法。⑥乖：违背。

译 文

　　现在凡是要避讳的字，都得用它的同义词来替换：齐桓公名叫小白，所以五白这种博戏就有了"五皓"这个称呼；淮南厉王名长，所以"人性各有长短"就说成"人性各有修短"。但还没有听说过把布帛叫作布皓，把肾肠叫作肾修的。梁武帝的小名叫阿练，因此他的子孙都把练称作绢，然而把销炼物称为销绢物，这恐怕就有悖于这个词的含义了。还有那忌讳"云"字的人，把纷纭称作纷烟；忌讳"桐"字的人，把梧桐树叫作白铁树，这就像在开玩笑了。

原文

　　今人避讳，更急于古。凡名子者，当为孙地①。吾亲识②中有讳襄、讳友、讳同、讳清、讳和、讳禹，交疏造次③，一座百犯，闻者辛苦，无慅赖焉。

注 释

①凡名子者，当为孙地：为儿子取名字时，要为孙子辈着想。意思是不要让孙子为父亲名讳而为难。②亲识：即亲友。六朝人习惯用语。③交疏：指相交疏远的人。造次：仓卒，急遽。

译 文

现在的人避讳比古人更为严格。那些为儿子取名字的人，应该为他们的孙子留点余地。我的亲属朋友中有讳"襄"字的、讳"友"字的、讳"同"字的、讳"清"字的、讳"和"字的、讳"禹"字的。大家凑在一起时，交往比较疏远的人一时仓促，讲出话来总是难免冒犯众人，听话的人感到伤心，让人感到无所适从。

原 文

昔司马长卿慕蔺相如①，故名相如，顾元叹②慕蔡邕，故名雍，而后汉有朱伥③字孙卿，许暹字颜回，梁世有庾晏婴、祖孙登，连古人姓为名字，亦鄙事也。

注 释

①蔺相如：战国时期赵国大臣。因完璧归赵和渑池相会之功而被赵王任为上卿。对同朝大臣廉颇容忍谦让，使其愧悟，成为团结御侮的知交。②顾元叹：顾雍（168年—243年），字元叹，三国时期吴郡吴县（今属江苏）人。出身江南士族。初为合肥长。孙权称帝后，被任命为丞相，在吴国执政达十九年。③朱伥：字孙卿，东汉寿春人。官至公卿。原文为"朱张"，据《后汉书·顺帝纪》注，此人为"朱伥"。

译 文

从前司马长卿钦慕蔺相如，于是就改名为相如，顾元叹钦慕蔡邕，于是就取名为雍，而后汉有朱伥字孙卿，许暹字颜回，梁朝有庾晏婴、祖孙登，这些人都把古人姓名作为自己的名字，这也太卑贱了。

原文

昔侯霸①之子孙，称其祖父曰家公；陈思王②称其父为家父，母为家母；潘尼③称其祖曰家祖：古人之所行，今人之所笑也。今南北风俗，言其祖及二亲，无云家者；田里猥人④，方有此言耳。凡与人言，言已世父⑤，以次第⑥称之，不云家者，以尊于父，不敢家也。凡言姑姊妹女子子⑦：已嫁，则以夫氏称之；在室⑧，则以次第称之。言礼成他族，不得云家也。子孙不得称家者，轻略⑨之也。蔡邕书集，呼其姑姊为家姑家姊，班固⑩书集，亦云家孙，今并不行也。

注释

①侯霸（？—37年）：字君房，东汉河南密县（当今属河南）人。汉初为尚书令。他熟知旧制，收录遗文，条奏前代法令制度，多被采行。后为大司徒，封关内侯。②陈思王：三国曹魏诗人曹植（192年—232年），字子建，谯（当今安徽亳县）人。曹操之子。封陈王，死后谥思，人称陈思王。有《曹子建集》。③潘尼（约250年—约331年）：西晋文学家。字正叔，荥阳中牟（当今属河南）人。官至太常卿。与叔父潘岳以文学齐名，世称"两潘"。有《潘太常集》。④田里：指农村里。猥人：鄙俗之人。⑤世父：伯父。⑥次第：排行。⑦女子子：女性孩子，女儿。⑧在室：指女子未出嫁。⑨轻略：轻视忽略。⑩班固（32年—92年）：东汉史学家、文学家。字孟坚，扶风安陵（当今陕西咸阳东北）人。《汉书》的撰写者。善于作赋，有《两都赋》等存在。又著有《白虎通义》。

译文

先前侯霸的子孙称其祖的父亲为家公；曹植称他的父亲为家父，母亲为家母；潘尼称他的祖父为家祖。旧时的人就是这种称呼法，在今天的人看来就为笑柄了。现在南北各地风俗，提到祖父母及双亲，没有冠之以"家"的，只有山村野夫才会这样称呼。凡是与别人谈话，涉及自己的伯父，就按父辈排行的次序称呼。不冠以"家"字的原因是由于伯父尊于父亲，因此不敢称"家"。凡是说到自己的姑表姊妹，已经出嫁的，就以她丈夫的姓氏来称呼她；还未出嫁的，就按兄弟姊妹的排行次序来称呼她。因为女子嫁给婆家，所以不能称"家"。对于子孙不可称"家"的原因，是为了表示对他们的轻视。蔡邕的书集中称他的姑、姊为家姑、家姊；班固的书集中也说到家孙，现在都不用这种称呼了。

 原 文

凡与人言，称彼祖父母、世父母、父母及长姑，皆加尊字，自叔父母已下，则加贤字，尊卑之差也。王羲之书①，称彼之母与自称已母同，不云尊字，今所非也。

注 释

①王羲之（321年—379年）：东晋书法家。字逸少，琅琊临沂（今属山东）人。出身贵族。官至右军将军、会稽内史，人称"王右军"。工书法，尤擅正、行，为历代学书者所宗尚。书迹刻本甚多。书：书信。

译 文

凡与人讲话，提到对方的祖父母、伯父母、父母及长姑，都应在称呼前面加"尊"字，从叔父母以下，则在称呼前面加"贤"字，这是为了表示尊卑区别。王羲之的书信，称呼别人的母亲和称呼自己的母亲时都一样，前面不另加"尊"字，今人认为不该这样。

原 文

昔者，王侯自称孤、寡、不穀①，自兹以降，虽孔子圣师，与门人②言皆称名也。后虽有臣、仆之称，行者盖亦寡焉。江南轻重③，各有谓号④，具诸《书仪》⑤；北人多称名者，乃古之遗风，吾善其称名焉。

注 释

①不穀（gǔ）：古代王侯自称的谦词。②门人：弟子，学生。③轻重：此处指地位高低。④谓号：称号，别名。⑤《书仪》：指当时记述礼节的书。《隋书·经籍志》里收录了蔡超、谢元、王宏、唐瑾等人撰写的书仪，后均失传。

译 文

过去，王公诸侯自称孤、寡、不穀，从那以后，纵使是孔子那样的至圣先师，与弟子谈话时也都自称名字。后来虽然有人自称臣、仆，但这样做的人仍然不多。江南的人不论地位高低，都各有称号，这均记载在《书仪》这种书中。北方人自称名字，这是古人的遗风，我赞成他们自称名字这样的做法。

原 文

言及先人，理当感慕，古者之所易，今人之所难。江南人事不获已①，须言阀阅②，必以文翰，罕有面论者。北人无何③便尔话说，及相访问。如此之事，不可加于人也。人加诸己，则当避之。名位未高，如为勋贵所逼，隐忍方便④，速报取了；勿使烦重，感辱祖父。若没，言须及者，则敛容肃坐，称大门中，世父、叔父则称从兄弟门中，兄弟则称亡者子某门中，各以其尊卑轻重为容色之节，皆变于常。若与君言，虽变于色，犹云亡祖亡伯亡叔也。吾见名士，亦有呼其亡兄弟为兄子弟子门中者，亦未为安贴也。北土风俗，都不行此。太山羊侃⑤，梁初入南；吾近至邺，其兄子肃访侃委曲，吾答之云："卿从门中在梁，如此如此。"肃曰："是我亲第七亡叔，非从也。"祖孝徵在坐，先知江南风俗，乃谓之云："贤从弟门中，何故不解？"

注 释

①不获已：不得已，没办法。②阀阅：亦作"伐阅"。本指功绩和资历。此处指家世。③无何：无故，没有事由。④隐忍方便：随机应变或见机行事之意。隐忍，勉力含忍，不露真情。方便，机会。⑤太山："泰山"。郡名。楚、汉之际置郡，境内因有泰山而得名，治所位于博县（在今山东泰安东南），后移至奉高（位于今泰安东南）。羊侃：字祖忻，南朝梁甫人。少博学。自魏归梁，授徐州刺史，累迁都官尚书。性情豪侈，穷极奢靡。

译 文

说到先人的名字，按道理应当产生哀念之情，这在古人是不难的，而今天的人却感到不那么容易。江南人除非事出不得已，否则，在与别人谈及家世的时候，一定是以书信往来，很少当面谈及的。北方人无缘无故想找别人聊天，就会到家相访，那么，像当面谈及家世这样的事就不可施加给别人。如果别人把这样的事施加给你，你就应当设法回避。你们名声地位都不高，如果是被权贵所逼迫而必须谈及家世，你们可以隐忍敷衍一下，尽快结束谈话，不要烦琐重复，以免有辱自家祖辈父辈。如果自己的长辈已经逝世，谈话中必须提到他们时，就应该表情严肃，端正坐姿，口称"大门中"，对伯父、叔父则称"从兄弟门中"，对已过世的兄弟，则称兄弟的儿子"某门中"，并且要各自按照他们的尊卑轻重来确定自己表情上应该掌握的分寸，要与平时的表情有所区别。如果是同国君谈话提及自己过去的长辈，虽然表情上也有所改变，但还是可以说"亡祖、亡伯、亡叔"等称谓。我看见一些名士，与国君谈话时，也有称他的亡兄、亡弟为兄之子"某门中"或弟之子"某门中"的，这是不够妥帖的。北方的风俗就完全同这不一样。泰山的羊侃是在梁朝初年到南方来的。最近我到邺城，他侄儿羊肃来拜访我，问及羊侃的具体情况，我答道："您从门中在梁朝时，具体情况是这样的……"羊肃说："他是我的亲第七亡叔，不是从。"当时祖孝徵也在坐，他早就知道江南的风俗，于是就对羊肃说："就是指贤从弟门中，您怎么不了解？"

原 文

古人皆呼伯父叔父，而今世多单呼伯叔。从父兄弟姊妹已孤，而对其前，呼其母为伯叔母，此不可避者也。兄弟之子已孤，与他人言，对孤者前，呼为兄子弟子，颇为不忍；北土人多呼为侄。按：《尔雅》《丧服经》①《左传》，侄虽名通男女，并是对姑之称。晋世已来，始呼叔侄；今呼为侄，于理为胜也。

注释

①案：考证。《尔雅》：我国最早解释词义的专著。由汉初学者缀辑周汉诸书旧文，递相增益而成。后升格为经，成为《十三经》之一。《丧服经》：《仪礼》中的《丧服》篇。

译文

古时的人都称呼伯父、叔父，而现在多只单称伯、叔。叔伯兄弟、姊妹死去父亲后，在他们面前，称他们的母亲为伯母、叔母，这是没有办法回避的。兄弟的儿子死了父亲，你与别人谈话时，当着他们的面，称他们为兄之子或弟之子，颇不忍心；北方大多数称他们为侄。按：在《尔雅》《丧服经》《左传》诸书中，虽然男女都可以用"侄"这个称呼，但都是对姑而言。从晋代开始，才称叔侄。现在统称为侄，从道理上说是恰当的。

原文

凡亲属名称，皆须粉墨①，不可滥也。无风教②者，其父已孤，呼外祖父母与祖父母同，使人为其不喜闻也。虽质于面，皆当加外以别之；父母之世叔父，皆当加其次第以别之；父母之世叔母，皆当加其姓以别之；父母之群从世叔父母及从祖父母，皆当加其爵位若姓以别之。河北士人，皆呼外祖父母为家公家母，江南田里间亦言之。以家代外，非吾所识。

注释

①粉墨：本指白、黑两种颜色。此处是区别之意。②风教：风俗、教化。此处有教养之意。

译文

凡是亲属的名称，都应该有所区别，不能滥用。没有教养的人，在祖父祖母去世后，对外祖父、外祖母的称呼与祖父祖母一样，教人听了不顺耳。虽是当着外公外婆的面，但在称呼上都应加"外"字以此表示区别；父母亲的伯父、叔父都应该在称呼前加上排行顺序以此表示区别；父母亲的伯母、叔母都应该在称呼前面加上她们的姓以此表示区

别；父母亲子侄辈的伯父、叔父、伯母、叔母以及他们的从祖父母都应该在称呼前面加上他们的爵位和姓以此表示区别。河北的男子都称外祖父、外祖母为家公、家母；江南的乡间也是这样称呼。用"家"字代替"外"字，这我就不明白了。

原文

凡宗亲世①数，有从父，有从祖，有族祖。江南风俗，自兹已往，高秩②者，通呼为尊；同昭穆③者，虽百世犹称兄弟；若对他人称之，皆云族人。河北士人，虽三二十世，犹呼为从伯从叔。梁武帝尝问一中土人曰："卿北人，何故不知有族？"答云："骨肉易疏，不忍言族耳。"当时虽为敏对，于礼未通。

注释

①宗亲：同母兄弟。此处引申为同宗亲属。世：父子一辈为一世。②秩：官吏的奉禄。引申为官吏的职位或品级。③同昭穆：这里指同一个祖宗。

译文

宗族亲属的世系辈数有从父，有从祖，有族祖。江南的风俗，从此以往，对官职高的，通称为尊，同一个祖宗的，虽然隔了一百代，但照样称为兄弟；如果对外人介绍，则都称作族人。河北地区的男子，虽然已隔二三十代，但照样称从伯、从叔的。梁武帝曾经问一位中原人说："你是北方人，为什么不懂得有'族'这种称呼呢？"他回答说："骨肉的关系容易疏远，因此我不忍心用'族'来称呼。"虽然这在当时是一种机敏的回答，但从道理上却是讲不通的。

原文

古者，名以正体①，字以表德②，名终则讳之，字乃可以为孙氏③。孔子弟子记事者，皆称仲尼；吕后微时④，尝字高祖⑤为季；至汉爰种⑥，字其叔父曰丝⑦；王丹⑧与侯霸子语，字霸为君房；江南至今不讳字也。河北士人全不辨之，名亦呼为字，字固呼为字。尚书王元景⑨兄弟，皆号名人，其父名云，字罗汉，一皆讳之，其余不足怪也。

注 释

①正体：表明自身。②表德：表示德行。③为孙氏：指用"字"作为孙辈的氏，如鲁国公子展之孙无骇卒，鲁隐公用公子展的"字"称无骇这一支为展氏。在当时，姓和氏是有区别的，自秦汉以后，这一区别取消，均通称姓而不再称氏了。④吕后：西汉高祖的皇后吕雉（公元前241年—公元前180年），字娥姁。其子（惠帝）即位，她掌实权。惠帝死后，临朝称制，并分封诸吕为王侯，共掌政十六年。微时：微贱而未富贵的时候。⑤高祖：汉高祖刘邦，字季，沛县（今属江苏）人。西汉王朝的建立者。公元前202年—公元前195年在位。在位期间，继承秦制，实行中央集权；以秦律为根据，制定《汉律》九章。⑥爰种：西汉大臣爰盎之侄。⑦丝：爰盎（？—公元前148年），字丝。西汉大臣。⑧王丹：字仲回，东汉京兆下笁（位于今陕西渭南）人。事王莽为大司空。封辅国侯。⑨王元景：王昕，字元景，北朝北齐人。与其弟王晞均好学而有名望。

译 文

从前，名是用于表明自身的，字是用于表示德行的，名在形体消亡后就应对之避讳，字却可以作为孙辈的氏。孔子的弟子在记录孔子的言行时，均称他为仲尼；吕后贫贱的时候，曾经称呼汉高祖刘邦的字叫季；到汉代的爰种，称呼他叔叔的字叫丝；王丹与侯霸的儿子谈话时，称呼侯霸的字叫君房；一直到今天，江南不避讳称字。河北的士大夫们对名和字全都不加区别，名也称作字，字当然就称作字。尚书王元景兄弟俩都被称作名人，他俩的父亲名云，字罗汉，他俩对父亲的名和字全都加以避讳，那么其他的人讳字也就不足为怪了。

原 文

《礼·间传》云："斩缞①之哭，若往而不反②；齐缞之哭，若往而反；大功之哭，三曲而偯③；小功缌麻，哀容可也，此哀之发于声音也。"《孝经》④云："哭不偯⑤。"皆论哭有轻重质文之声也。礼以哭有言者为号⑥，然则哭亦有辞也。江南丧哭，时有哀诉之言耳；山东⑦重丧，则唯呼苍天，期功⑧以下，则唯呼痛深，便是号而不哭。

注 释

①斩缞：丧服的一种。旧时依据与死者关系亲疏，丧服分为斩缞、齐缞、大功、小

功、缌麻五等。斩缞是丧服中最重的一种，服期三年。②往而不反：比喻只想哭得一死了之。③三曲而偯：形容拖着长腔哭声不止。偯，哭的余声。④《孝经》：儒家经典之一。⑤哭不偯：意思是说，哀哭不拖余音。⑥礼：此处指丧礼。号：大声哭。⑦山东：太行、恒山以东，河北之地。⑧期功：丧服等级中服期为一年的大功和小功。

译文

《礼记·间传》上说："披戴斩缞孝服的人，一声痛哭便至气竭，仿佛再回不过气来似的；披戴齐缞孝服的人，悲声阵阵连续不停；披戴大功孝服的人，其哭一声三折，余音犹存；披戴小功、缌麻孝服的人，脸上显出哀痛的表情也就可以了。这些就是哀痛之情通过声音表现出来的各种各样的状况。"《孝经》上说："孝子痛哭父母的哭声，气竭而后止，不会发出余声。"这些话都是论说哭声有轻微、沉重、质朴、和缓等各种区别。按礼俗以哭时杂有话语者叫作号，如此则哭泣也可带有言辞了。江南地区在丧事哭泣时，经常杂有哀诉的话语；山东一带在披戴斩缞孝服的丧事中，哭泣时，只知呼叫苍天，在披戴齐缞、大功、小功以下丧服的丧事中哭泣时则只是倾诉自己悲痛如何深重，这就是号而不哭。

原文

江南凡遭重丧，若相知者，同在城邑，三日不吊则绝①之；除丧，虽相遇则避之，怨其不己悯也。有故及道遥者，致书可也；无书亦如之。北俗则不尔②。江南凡吊者，主人之外，不识者不执手；识轻服③而不识主人，则不于会所而吊，他日修名④诣其家。

注释

①绝：断绝往来。②尔：如此，这样。③轻服：五种丧服中较轻的几种，如大功、小功、缌麻之类。④名：名刺。等于现在的名片。

译文

江南地区，凡是遭逢重丧的人家，若是与他家相认识的人，又同住在一个城镇里，三天之内不前去吊丧，丧家就会同他断绝交往。丧家的人除掉丧服，与他在路上相遇，也要尽量避开他，这是因为怨恨他不怜恤自己。如果是另有原因或道路遥远而没能前来吊丧者，可以写信来表示慰问；不来信的，丧家也会像上面的情况一样对待他。北方的风俗则不是这样。江南地区，凡是来吊丧者，除了主人之外，对不认识的人都不握手；如果只认识披戴较轻丧服的人而不认识主人，就不到灵堂去吊丧，改天准备好名刺，再上他家去表示慰问。

原文

江左朝臣，子孙初释服①，朝见二宫②，皆当泣涕；二宫为之改容。颇有肤色充泽，无哀感者，梁武薄其为人，多被抑退③。裴政④出服，问讯武帝⑤，贬瘦枯槁，涕泗滂沱，武帝目送之曰："裴之礼⑥不死也。"

注释

①释服：与下文"出服"义同，是说丧期已满，除去丧服。②二宫：此处指帝王与太子。③抑退：贬退降谪。④裴政：隋朝人，字德表。仕梁，以军功封夷陵侯；仕隋为襄阳总管。善于从政，令行禁止，被称为神明。著《承圣实录》一卷。⑤问讯武帝：遵循佛教礼节朝觐梁武帝（因梁武帝信奉佛教）。⑥裴之礼：裴政之父。字子义，南朝梁人。任西豫州刺史，历位黄门侍郎。卒于少府卿，谥曰壮。

译文

梁朝的大臣，他们的子孙刚脱去丧服，去朝见皇帝和太子的时候，都应该哭泣流泪；皇帝和太子会因此感动而改变脸色。但也颇有一些肤色丰满光泽而没有一点哀痛感觉的人，梁武帝看不起他们的为人，这些人大多被贬退降谪。裴政除去丧服，行僧礼朝见梁武帝的时候，身体十分瘦弱，形容枯槁，当场痛哭流涕，梁武帝目送着他出去，说："裴之礼没有死啊。"

原文

二亲既没，所居斋寝①，子与妇弗忍入焉。北朝顿丘李构②，母刘氏，夫人亡后，所住之堂，终身锁闭，弗忍开入也。夫人，宋广州③刺史纂之孙女，故构犹染江南风教。其父奖④，为扬州刺史，镇寿春⑤，遇害。构尝与王松年⑥、祖孝徵数人同集谈宴。孝徵善画，遇有纸笔，图写为人。顷之，因割鹿尾，戏截画人⑦以示构，而无他意。构怆然动色，便起就马而去。举坐惊骇，莫测其情。祖君寻悟，方深反侧，当时罕有能感此者。

吴郡⑧陆襄，父闲被刑⑨，襄终身布衣蔬饭，虽姜菜有切割，皆不忍食；居家惟以掐摘⑩供厨。江宁姚子笃，母以烧死，终身不忍啖炙。豫章⑪熊康，父以醉而为奴所杀，终身不复尝酒。然礼缘人情，恩由义断，亲以噎死，亦当不可绝食也。

注 释

①斋寝：斋戒时的居住之处。②顿丘：旧时郡名。西晋泰始二年（266年），治所在顿丘（在今河南清丰）。李构：字祖基，北朝北齐人。少以方正见称，袭爵武邑郡公。齐初，降爵为县侯，位终太府卿。③广州：州名。三国时吴永安七年（264年）分交州置州。治所位于番禺（今广州市）。④奖：李奖，字遵穆，北朝后魏人。自太尉参军累迁相州刺史，元颢入洛，兼尚书左仆射，慰劳徐州，遂被害。⑤寿春：旧时县名。秦置。治所位于今安徽寿县。东晋改为扬州、豫州、南豫州及淮南郡、梁郡治所。⑥王松年：北朝北齐人。年少知名。文襄临并州，辟为主簿，孝昭帝擢拜给事黄门侍郎。孝昭帝死后，迁升散骑常侍，食高邑县侯。⑦截画人：斩断画的人像。⑧吴郡：郡名。楚汉之际分会稽郡置，汉武帝后废。东汉永建四年（129年）复置。治所位于吴县（在今苏州市）。⑨闲：陆闲，陆襄之父。字遐业，南朝南齐人。官至扬州别驾。永元末，因刺史作乱未报而遭诛杀。⑩掐摘：用手掐断菜蔬以代替刀切。⑪豫章：旧时地名。《晋书·地理志》载，"豫章郡属扬州"。

译 文

父母亲逝世以后，他们生前斋戒时所居住的屋，儿子和媳妇都不忍心再进去。北朝顿丘郡的李构母亲刘氏死后，她生前所住的屋子，李构终身把它锁闭，不忍心开门进去。李构的母亲是宋广州刺史刘纂的孙女，所以李构依然得到江南风教的熏陶。他的父亲李奖是扬州刺史，镇守寿春，被人杀害。曾经李构与王松年、祖孝徵几个人聚在一起喝酒谈天。孝徵善于画画，又有纸笔，于是就画了一个人。过了一会儿，他因为割取宴席上的鹿尾，就开玩笑地把人像斩断给李构看，但并没有别的意思。李构却悲痛得变了脸色，起身乘马而去了。在场的人都感到惊诧不已，却猜不出其中的原因。后来祖孝徵醒悟过来，才对此深感不安，当时却很少有人能理解的。吴郡的陆襄，他的父亲陆闲遭到刑戮，陆襄终身穿布衣、吃素餐，即便是生姜，如果用刀割过，他都不忍心食用；做饭只用手掐摘蔬菜供厨房之需。江宁的姚子笃因为母亲是被火烧死的，所以他终身不忍心吃烤肉。豫章的熊康，其父亲酒醉后而被奴仆杀害，所以他终身不再尝酒。然而礼是因为人的感情需要而设立的，情爱则可依据事理而断绝，假如父母亲因为吃饭而噎死了，也不至于因此绝食吧。

原文

《礼经》①：父之遗书，母之杯圈，感其手口之泽，不忍读用②。政③为常所讲习，雠校④缮写，及偏加服用⑤，有迹可思者耳。若寻常坟典⑥，为生什物⑦，安可悉废之乎？既不读用，无容散逸⑧，惟当缄⑨保，以留后世耳。

注释

①《礼经》：此处指《礼记》。②父之遗书，母之杯圈，感其后口之泽，不忍读用：这段话见《礼记·玉藻》。原文较长，节其要点。意谓父亲遗留下来的书籍，母亲用过的口杯，子女感到上面有父母的手泽与口泽，就不忍心阅读和使用。③政：通"正"，只。④雠校：又作"校雠"。即校勘。⑤服用：使用。⑥坟典：旧时"三坟、一典、八索、九丘"都是书名。在这里为书籍的代称。⑦为生：营生。什物：常用器物。⑧散逸：分散丢失。⑨缄：封闭。

译文

《礼经》上讲：父亲留下来的书籍，母亲使用过的口杯，子女感受到上面有父母的气息，则不忍心阅读或使用。只因为这些东西是他们生前经常用来讲习、校对缮写以及专门使用的，有遗迹可引发哀思罢了。如果是经常用的书籍，以及各种日用品，哪能全部废弃呢？既然父母遗物不阅读使用，就不要让它们散失，而是应该封存保护，以留传给后代。

原文

魏世王修①，母以社日亡。来岁社日，修感念哀甚，邻里闻之，为之罢社。今二亲丧亡，偶值伏腊②分至之节，及月小晦后，忌之外，所经此日，犹应感慕，异于余辰，不预饮宴、闻声乐及行游也。

注释

①王修：字叔治，三国北海营陵（位于今山东昌乐东南）人。曾附袁绍，后归曹操，历任魏郡太守、大司农、郎中舍、奉常等职。②伏腊：伏日、腊日。这里专指三伏中祭祀的一天。

译 文

魏朝王修的母亲是在社日这天去世的，第二年的社日，王修感怀思念母亲，特别哀痛。邻居们听说了这件事后，为此而停止了社日的活动。现在，如果父母亲去世的日子正好碰上伏祭、腊祭、春分、秋分、夏至、冬至这些节日，以及忌日前后三天、忌月晦日的前后三天，除了忌日这天外，凡在上述的日子里，仍然应对父母亲感怀思慕，与别的日子有所不同，应该做到不参加宴饮、不听声乐以及不外出游玩。

原 文

刘绉、缓、绥①，兄弟并为名器②，其父名昭③，一生不为照字，惟依《尔雅》火旁作召耳。然凡文与正讳相犯，当自可避；其有同音异字，不可悉然。刘字之下，即有昭音④。吕尚之儿，如不为上；赵壹⑤之子，傥⑥不作一：便是下笔即妨，是书皆触也。

注 释

①刘绉、缓、绥：南朝梁文士刘昭之子刘绉、刘缓、刘绥。刘绉，字言明。精通《三礼》，大同年间任尚书祠部郎，不久去职，不复仕途。刘缓，字含度。历任湘东王记室，当时西府盛集文学，刘缓居其首。刘绥，不详。②名器：知名之器，即名人。旧时称人才为"器"。③昭：刘昭，字宣卿，南朝梁平原高唐人。幼安静敏悟，通老、庄，及长，勤学善著文，官至郯县令。④刘字之下，即有昭音："刘"字繁体作"劉"，下面的"钊"音正与"昭"同。意思是说，这是同音异字，应该避忌。⑤赵壹：东汉辞赋家。字元叔，汉阳西县（位于今甘肃天水南）人。灵帝时期为上计吏入京，为袁逢、羊陟等所礼重。曾作《刺世疾邪赋》。原有文集，已失传。⑥傥：同"倘"，如果，假如。

译 文

刘绉、刘缓、刘绥三兄弟都是名人，他们的父亲名叫昭，所以兄弟便一辈子都不写照字，只是按照《尔雅》用焯来代替。然而凡文字与人的正名相同，当然应该避讳；如行文中出现同音异字，就不应该全都避讳了。繁体的"劉"字的下半部分的"钊"字就有"昭"的音。吕尚的儿子如果不能写"上"字；赵壹的儿子如果不能写"一"字，便会一下笔就犯难，一写字就犯讳了。

原 文

人有忧疾，则呼天地父母，自古而然。今世讳避，触途急切。而江东士庶，痛则称祢①。祢是父之庙号，父在无容称庙，父殁何容辄呼？《苍颉篇》②有"俌"字，《训诂》③云："痛而评也，音羽罪反④。"今北人痛则呼之。《声类》⑤音于未反，今南人痛或呼之。此二音随其乡俗，并可行也。

注 释

①祢：父亲死后在宗庙中立主之称。②《苍颉篇》：字书。秦朝丞相李斯著。今失传，后人有辑本。③训诂：解释古书字义。又作"诂训""训故""故训"。④反："反切"。传统的一种注音方法，用两个字拼合成一个字的音，上字取声，下字取韵和调。⑤《声类》：韵书。魏左校令李登著。已失传。

译 文

人有忧患疾病，就呼喊天地父母，从古至今就是这样。现在的人讲究避讳，处处事事比古人来得严格。而江东的士族庶族，悲痛时就叫祢。祢是已故父亲的庙号，父亲在世不能叫庙号，父亲死后又怎能随便呼叫他的庙号呢？《苍颉篇》中有"俌"字，《训诂》解释说："这是痛苦时发出的声音，发音是羽罪反。"现在北方人悲痛时就这样叫。《声类》注这个字的音是于未反，现在南方有人要悲痛时就这样喊。这两个音随人们的乡俗而定，都是可行的。

原 文

梁世被系劾①者，子孙弟侄，皆诣阙②三日，露跣③陈谢；子孙有官，自陈解职。子则草屩④必粗衣，蓬头垢面，周章⑤道路，要候⑥执事，叩头流血，申诉冤情。若配徒隶⑦，诸子并立草庵于所署门，不敢宁宅⑧，动经旬日，官司驱遣，然后始退。江南诸宪司弹人事，事虽不重，而以教义见辱者，或被轻系而身死狱户⑨者，皆为怨仇，子孙三世不交通矣。到洽⑩为御史中丞，初欲弹刘孝绰，其兄溉⑪先与刘善，苦谏不得，乃诣刘涕泣告别而去。

注 释

①系劾：囚禁论罪。②诣阙：赴皇帝的殿廷。③露跣：披散着头发，光着脚（以示谢罪）。④屩：草鞋。⑤周章：惶恐徘徊。⑥要候：半路截拦等候。要，通"邀"。⑦徒隶：旧称在狱中服役的犯人。⑧不敢宁宅：不敢安居家中。⑨狱户：狱门。即监狱。⑩到洽：字茂㳂，南朝梁彭城武原人。少聪敏，有才学，工诗赋。累迁御史中丞。为官刚直，不徇私情。⑪刘孝绰：南朝梁彭城人，本名冉，小字阿士，字孝绰。幼聪慧，七岁能为文，被称为神童。历官尚书水部郎，累迁秘书丞。因携妾入官府，弃老母于下宅而被劾奏免官。溉：即到溉，到洽兄。字茂灌。少孤贫，聪敏，有才学。后因疾失明。

译 文

梁朝被拘囚弹劾的官员，他的子孙弟侄们都要赶赴朝廷的殿廷，在那里整整三天，免冠赤足，陈述请罪，如果子孙中有做官的，就主动请求解除官职。儿子们则穿上草鞋和粗布衣服，蓬头垢面，惊恐不安地守候在道路上，拦住主管官员，叩头流血，申诉冤枉。如果被发配去服苦役，他的儿子们就一起在官署门口搭上草棚，不敢在家中安居，一住就是十来天，官府驱逐，才肯退离。江南地区各位宪司弹劾某人，虽然案情不严重，但如果某人是因教义而受弹劾之辱，或者因此被拘囚而身死狱中，两家就会结下怨仇，子孙三代都不相往来。到洽当御史中丞的时候，开始想弹劾刘孝绰，到洽的哥哥到溉与刘孝绰关系友善，他苦苦规劝到洽不要弹劾刘孝绰而没能如愿，于是就前往刘孝绰处，流着泪与他分手。

原 文

兵凶战危①，非安全之道。古者，天子丧服以临师②，将军凿凶门③而出。父祖伯叔，若在军阵，贬损④自居，不宜奏乐宴会及婚冠吉庆事也。若居围城之中，憔悴容色，除去饰玩，常为临深履薄之状焉。父母疾笃，医虽贱虽少，则涕泣而拜之，以求哀也。梁孝元在江州，尝有不豫⑤；世子方等⑥亲拜中兵参军李猷焉。

注 释

①兵凶战危：兵器是凶器，战争是危险的事。②天子丧服以临师：皇帝身穿丧服视察军队（表明军情紧迫）。③凶门：旧时将军出征时，凿一扇向北的门，由此出发，以示

必死的决心。④贬损：屈节，贬抑。此处是约束的意思。⑤不豫：旧称帝王有病。⑥方等：梁元帝萧绎之子萧方等。

译文

兵者凶器，战者危事，皆非安全之道。古时候，天子穿上丧服去统领军队，将军凿一扇凶门，然后由这里出征。如果某人的父祖伯叔在军队里，他就要自我约束，不谊参加奏乐、宴会以及婚礼冠礼等吉庆活动。如果某人被围困在城邑之中，他就应该是面容憔悴，除掉饰物器玩，总要显出如临深渊、如履薄冰的模样。如果他的父母病重，虽然那医生年少位卑，他也应该向医生哭泣下拜，以此求得医生的怜悯。梁孝元帝在江州的时候，曾经生病，他的大儿子方等就亲自拜求过中兵参军李猷。

原文

四海之人，结为兄弟，亦何容易。必有志均义敌①，令终如始者，方可议之。一尔②之后，命子拜伏，呼为丈人，申父友③之敬；身事彼亲，亦宜加礼。比见北人，甚轻此节，行路相逢，便定昆季④，望年观貌，不择是非，至有结父为兄，托子为弟⑤者。

注释

①敌：相当，匹配。②一尔：一旦如此。③父友：父之所交往，父辈朋友。④昆季：兄弟。长为昆，幼为季。⑤结父为兄：与父辈结为兄。托子为弟：与子侄辈结为弟。

译文

四海异姓之人结拜为兄弟谈何容易。必须是志向道义都相配，对朋友始终如一的人，才能够加以考虑。一旦与人结为兄弟，就要让自己的孩子向他伏地下拜，称他为丈人，以表达孩子对父亲朋友的尊敬。自己对结拜兄弟的父母亲也要施礼。我常常见到一些北方人很轻率地对待此事，两个人陌路相逢，便结为兄弟，只问问年龄、看看外貌，也不斟酌一下是否妥当，以致有把父辈当成兄长，把子侄辈当成弟弟的。

原文

昔者，周公一沐三握发，一饭三吐餐，以接白屋①之士，一日所见者七十余人。晋

文公以沐辞竖头须②，致有图反之诮。门不停宾，古所贵也。失教之家，阍寺③无礼，或以主君寝食嗔怒，拒客未通④，江南深以为耻。黄门侍郎裴之礼，号善为士大夫，有如此辈，对宾杖之⑤。其门生⑥僮仆，接于他人，折旋⑦俯仰，辞色应对，莫不肃敬，与主无别也。

注 释

①白屋：用茅草盖的屋子，旧时也指没有做官的读书人住屋。②晋文公（公元前697年—公元前628年）：春秋时期晋国国君。名重耳。公元前636年—公元前628年在位。即位后整顿内政，增强军队，战胜楚军，大会诸侯，成为春秋五霸之一。竖头须：宫中一个名叫头须的小臣。③阍寺：阍人和寺人。此处统指守门人。④未通：不予通报。⑤有如此辈，对宾杖之：发现家中有慢待宾客的仆人，就当着客人的面用棍棒打他。⑥门生：此处指家中使役之人。⑦折旋：曲行。旧时行礼时的动作。

译 文

先前，周公宁愿随时中断沐浴、用餐，以接待来访的贫寒之士，曾经一天之内接待了七十多人。而晋文公以正在沐浴为借口拒绝接见下人头须，以致遭来"图反"的嘲笑。家中宾客不绝，这是古人所看重的。那些没有良好教养的家庭，看门人也没有礼貌，有的看门人在客人来访时，就以主人正在睡觉、吃饭或发脾气为借口，拒绝为客人通报，江南人家深以此事为耻。黄门侍郎裴之礼被称作士大夫的楷模，假如他家中有这样的人，他会当着客人的面用棍子抽打此人。他的门子、童仆在接待客人的时候，进退礼仪、表情言辞没有不严肃恭敬的，与主人没有任何区别。

精彩 点拨

　　本篇论述了封建士大夫的门风节操。作者从传统的经学和当时的实际情况出发，充分地论述了对孝、名讳、称谓等流行风尚的看法。他认为士大夫讲究风度节操是必要的，但食古不化并不可取。他反对一味尊崇古制、一成不变，主张待人处事宜视具体情况而定。他告诉我们做事要审时度势，学会变通，认清何为特殊情况，何为一般情况，应分清主次，不可贻误正事。还有，古人讲究风操，更深层次的原因是：圣人的教诲与儒家文化的氛围形成了一种"耻感"，形成了道德体系，有效约束了人的欲望。如果社会能够形成这种耻感氛围，那么所谓的失范、失德、失节操的事情就会大大减少。

阅读 和果

孝经

　　《孝经》以孝为中心，为历代儒客所尊崇，比较集中地阐述了儒家的伦理思想。它肯定孝是上天所定的规范，"夫孝，天之经也，地之义也，人之行也"。指出孝是诸德之本，认为"人之行，莫大于孝"，国君可以用孝治理国家，臣民能够用孝立身理家。《孝经》首次将孝与忠联系起来，认为忠是孝的发展和扩大，并把孝的社会作用推而广之，认为"孝悌之至"就能够"通于神明，光于四海，无所不通"。对实行孝的要求和方法也做了系统而详细的规定。

慕贤第七

═══ 精彩导读 ═══

　　慕贤即仰慕贤人之意。作者认为人在年少时性情尚未定型，攀附景仰圣人可收到潜移默化的效果，久而久之，可以提高自身的品德修养。作者是怎样来推广他的观点的？在今天他的观点还有哪些意义？让我们来阅读吧！

原　文

　　古人云："千载一圣，犹旦暮也；五百年一贤，犹比髆①也。"言圣贤之难得，疏阔如此。傥遭不世②明达君子，安可不攀附景仰之乎？吾生于乱世，长于戎马，流离播越，闻见已多。所值名贤，未尝不心醉魂迷③向慕之也。人在年少，神情未定，所与款狎，熏渍陶染④，言笑举动，无心于学，潜移暗化，自然似之。何况操履艺能⑤，较明易习者也？是以与善人居，如入芝兰⑥之室，久而自芳也；与恶人居，如入鲍鱼之肆，久而自臭也。墨子⑦悲于染丝，是之谓矣。君子必慎交游焉。孔子曰："无友不如己者。"颜、闵⑧之徒，何可世得！但优于我，便足贵⑨之。

注　释

　　①比髆（xián）：肩膀挨着肩膀。言其多。比，紧靠。髆，肩膀。②傥：同"倘"。不世：世上所少有。③心醉魂迷：形容仰慕之深。④熏渍陶染：熏炙、渐渍、陶冶、濡染。⑤操履：操守德行。艺能：技艺才能。⑥芝兰：本应作"芷兰"，"芝"是借用字，芷和兰都是有香味的草本植物。⑦墨子（约公元前468年—公元前376年）：春秋战国时期思想家、政治家。墨家的创始人。⑧颜、闵：指颜回和闵损。他们都是孔子学生中的杰出人物。⑨贵：崇尚，敬重。

译文

古人说："一千年出一位圣人，已经近得像从早到晚那么快了；五百年出一位贤人，已经密得像肩碰肩一样了。"这是说圣人、贤人稀少难得，已经到这种地步了。假如遇上世间少有的明达君子，怎能不攀附景仰呢？我出生在乱世，在兵荒马乱中长大，颠沛流离，所见所闻已经很多。遇上名流贤士，总是心醉魂迷地向往和仰慕人家。人在年轻的时候，精神性情都还没有定型，和那些情投意合的朋友朝夕相处，受到他们的熏渍陶染，人家的一言一笑、一举一动虽然没有存心去学，但是潜移默化之中，自然跟他们相似。何况操守德行和本领技能都是比较容易学到的东西呢？因此，与善人相处，就像进入满是芝草、兰花的屋子中一样，时间一长，自己也变得芬芳起来；与恶人相处，就像进入满是鲍鱼的店铺一样，时间一长，自己也变得腥臭起来。墨子因看见人们染丝而感叹，说的也就是这个意思。君子与人交往一定要慎重。孔子说："不要和不如自己的人交朋友。"像颜回、闵损那样的贤人，我们一生都难遇到！只要比我强的人，也就足以让我敬重了。

原文

世人多蔽①，贵耳贱目，重遥轻近。少长周旋②，如有贤哲，每相狎侮，不加礼敬。他乡异县，微藉风声③，延颈企踵④，甚于饥渴。校其长短，核其精粗，或彼不能如此矣。所以鲁人谓孔子为东家丘⑤。昔虞国⑥宫之奇，少长于君，君狎之，不纳其谏，以至亡国，不可不留心也。

注释

①蔽：蒙蔽。此处引申为不通达的识见，即偏见。②少长：从小长到大。周旋：本指旧时行礼时进退揖让的动作，此处引申为交往。③藉：凭借，依靠。风声：名声。④延："伸"。企踵：踮起脚后跟。⑤东家丘：丘是孔子的名，孔子是鲁国人，因为住在东边，所以当地随便叫他"东家丘"。并无敬意。⑥虞国：周文王时期建立的诸侯国。姬姓。开国君主是古公亶父之子虞仲的后代。宫之奇：春秋时期虞国大夫。晋向虞国借道攻虢，宫之奇以"辅车相依，唇亡齿寒"劝谏，见虞君仍不听，遂率族奔曹国。三个月后，晋灭虢，虞亦被灭。

译文

常人多有一种偏见：对传闻的东西很感兴趣，对亲眼所见的东西则很轻视；对远处

的事物很感兴趣，对近处的事物却不放在心上。从小一起长大的人，如有谁是贤能之士，人们也往往对他轻慢侮弄，而不是以礼相待；而处在远方异土的人，凭着那么点名声，就能令大家伸长脖子、踮起脚跟去朝思暮盼，那种心情好像比饥渴还难以忍受。他们绕有兴致地评说人家的优劣，不厌其烦地讲究人家的得失，好像那里的人不会如此似的。因此，鲁国的人称孔子为"东家丘"。先前，虞国的宫之奇年龄稍长于国君，国君就很轻视他，反而不能采纳他的意见，以致亡了国，这个教训不能不牢记在心。

原 文

用其言，弃其身，古人所耻。凡有一言一行，取于人者，皆显称①之，不可窃人之美，以为己力；虽轻虽贱者，必归功焉。窃人之财，刑辟之所处；窃人之美，鬼神之所责。

注 释

①称：声言，表明。

译 文

采用了某人的意见却又抛弃了这个人，这种行为被古人认为是可耻的。凡采纳一个建议、办理一件事情，这就是得到别人的帮助，应该表明，不该窃取他人成果当成自己的功劳。即使是地位低下的人，也必须要肯定他的功劳。窃取别人的钱财会遭到刑罚的处置；窃取别人的成果会遭到鬼神的谴责。

原 文

梁孝元前在荆州，有丁觇①者，洪亭民耳，颇善属文，殊工草隶。孝元书记②，一皆使之。军府轻贱，多未之重，耻令子弟以为楷法③，时云："丁君十纸，不敌王褒数字。"吾雅④爱其手迹，常所宝持。孝元尝遣典签惠编送文章示萧祭酒，祭酒问云："君王比赐书翰⑤，及写诗笔，殊为佳手，姓名为谁？那得都无声问⑥？"编以实答。子云叹曰："此人后生无比，遂不为世所称，亦是奇事。"于是闻者稍复刮目。稍仕至尚书仪曹郎⑦，末为晋安王侍读，随王东下。及西台陷殁⑧，简牍湮散，丁亦寻卒于扬州⑨。前所轻者，后思一纸，不可得矣。

52

注 释

①丁觇：南朝梁洪亭人。善著文，工草隶，与智永齐名，世称丁真永草。官至尚书仪曹郎。②书记：指文书抄写。③楷法：学习书法的楷模。④雅：甚，非常。⑤比：近来。书翰：书信。⑥声问：声誉，名声。⑦尚书仪曹郎：官名。梁朝尚书省设郎二十三人，仪曹郎是其中之一，职务掌管吉凶礼制。⑧西台陷殁：台是台省，南北朝时期称中央政府为台省。因梁元帝在江陵称帝，江陵在西，故称西台。元帝承圣三年（554年），西魏攻陷江陵，杀元帝，即这里所说的"西台陷殁"。⑨扬州：指扬州治所建康，在今南京市。

译 文

梁孝元帝在荆州时，手下有一个叫丁觇的人，是洪亭人氏，非常爱好写文章，特别擅长草书和隶书；孝元帝的文书抄写全都交给他去干。军府中那些地位低下的人大多数小瞧他，耻于让自己的子弟去临习他的书法，当时比较流行的话是："丁君写上十张纸，抵不上王褒几个字。"我十分喜爱他的墨迹，经常把它们珍藏起来。孝元帝曾经派典签惠编送文章给祭酒萧子云看，萧子云就问惠编："最近君王写有书信给我，还有他的诗歌文章，书法特别漂亮，那书写者实在是一个罕见的高手，他姓甚名谁？怎么会一点名声都没有呢？"惠编据实回答了。萧子云感叹道："没有哪个后生能与他相比，竟然没有得到世人所称道，也算是奇事一桩。"从此，听说此事的人才稍稍注意他。后来丁觇渐渐升任到尚书仪曹郎的位置，最后任晋安王侍读，随晋安王东下。等到江陵陷落的时候，那些文书信札一起散失了，没多久，丁觇也在扬州逝世。过去轻视他的人，后来再想得到他的一纸墨迹也是不可能了。

原 文

齐文宣帝①即位数年，便沉湎纵恣②，略无纲纪③；尚能委政尚书令杨遵彦④，内外清谧⑤，朝野晏如⑥，各得其所，物无异议，终天保⑦之朝。遵彦后为孝昭⑧所戮，刑政⑨于是衰矣。斛律明月⑩，齐朝折冲⑪之臣，无罪被诛，将士解体⑫，周人始有吞齐之志，关中⑬至今誉之。此人用兵，岂止万夫之望⑭而已哉！国之存亡，系其生死。

注 释

①文宣帝：北齐的建立者高洋（529年—559年），字子建，渤海蓚（位于今河北景县）人。550年—559年在位。即位后改定律令，修建长城。后以功业自矜，嗜酒昏狂，以

淫乱残暴而著称于世。②沉湎：也作"湛沔"。多指嗜酒无度。纵恣：放纵恣肆，想怎么干就怎么干。③纲纪：法纪。④尚书令：尚书省长官，直接对君主负责总揽一切政令的首脑。杨遵彦：名愔，字遵彦。北齐大臣，官至尚书令。文宣帝委政后，总摄机衡，百度修敕，旧时人言"主昏于上，政清于下"。⑤谧（mì）：安宁。⑥晏如：平静。⑦天保：北齐文宣帝年号，550年—559年。⑧孝昭：北齐孝昭帝高演，字延安。文宣帝同母之弟。⑨刑政：刑律政令。⑩斛律明月：斛律光（515年—572年），字明月，北齐朔州（今山西朔县）人。高车族。长期从事对北周的战争。任左丞相。为后齐主所疑忌，被杀。⑪折冲：使敌战车后撤，即击退敌军。⑫解体：肢体解散。比喻人心叛离。⑬关中：地理上的习惯用语，有时专指今陕西关中盆地，有时也包括陕北、陇西。当时是北周的主要根据地。⑭万夫之望：意谓万人之所瞻望，即众望所归。

译文

　　齐朝文宣帝即位几年以后，便沉湎酒色，放纵恣肆，一点不顾及法纪。但他尚能将政事交给尚书令杨遵彦处理，所以朝廷内外清静安宁，各种事务都能够得到妥善安排，大家都没有什么意见，这种局面一直保持到天保之朝结束。后来杨遵彦被孝昭帝杀害，从那以后，国家的刑律政令就衰败了。斛律明月是齐朝安邦却敌的重臣，无罪被杀，军队将士因此而人心涣散，周国才产生了吞并齐国的欲望，关中一带人民一直到现在仍对他称赞不已。这个人用兵岂止是千万人希望之所归而已啊！他的生死维系着国家的存亡。

原文

　　张延隽之为晋州行台①左丞，匡维主将②，镇抚疆场，储积器用，爱活黎民，隐若敌国矣③。群小不得行志，同力迁④之。既代之后，公私扰乱，周师一举，此镇先平。齐亡之迹，启于是矣。

注释

　　①晋州：州名。北魏建义元年（528年）改唐州置。治所位于白马城（今山西临汾市）。行台：在地方代表朝廷行尚书省事的机构。②匡维主将：辅助支持主将。匡，帮助。维，维护。③隐：威重貌。敌国：与国相匹敌。④迁：贬谪，调离。

译文

张延隽任晋州行台左丞时，辅助主将，镇守安抚疆界，储藏聚集物资，爱护救助百姓，其威严庄重仿佛可与一国相匹敌。那些卑鄙小人不能按照自己的意愿行事，就联合起来贬放逐谪他。这些小人取代了他之后，晋州一片混乱，周国军队一起兵晋，州城先被平定。齐国败亡的迹象从此开始了。

精彩点拨

本篇阐述作者仰慕贤才。颜之推以史为鉴，举齐梁时代的贤臣名将为例，阐述了人才与国之兴亡的关系。他主张重视人才、善待人才，切勿嫉贤妒能，自毁长城。"天下治乱系于用人"，这是北宋史学家范祖禹从历史经验中总结出来的至理名言。颜之推认同孔子"三人行，必有我师"。但"我师"不是不加选择的。他认为"但优于我"，即孔子所言"无友不如己者"。作者以日常生活和历史人物为例，展现出他独到的眼光和宽阔的胸怀，这显然与中国古代重才敬贤的思想一脉相承，至今仍然具有积极意义。

阅读和果

颜回

颜回（公元前 521 年—公元前 481 年），曹姓，颜氏，名回，字子渊，鲁国都城人（今山东曲阜市）。居陋巷（今山东曲阜市旧城内的陋巷街，颜庙所在之地），尊称复圣颜子。春秋末期鲁国思想家，儒客大家，孔门七十二贤之首。十三岁拜孔子为师，终生师事之，是孔子最得意的门生。孔子对颜回称赞最多，赞其好学仁人。历代儒客文人学士对颜回推尊有加，配享孔子、祀以太牢，追赠兖国公，封为复圣，陪祭于孔庙。

勉学第八

　　《荀子》有《劝学》篇，《颜氏家训》亦有《勉学》篇。两篇相距数百年，虽然其论证角度和写作背景各不相同，但异中有同，那就是两者都强调学习的重要性。颜之推是怎样论述学习的重要性，让世世代代的读者受益匪浅的呢？在今天他的观点还有哪些现实意义？我们阅读完本篇一定会有意想不到的收获。

原文

　　自古明王圣帝，犹须勤学，况凡庶乎！此事遍于经史，吾亦不能郑重①，聊举近世切要，以启寤②汝耳。士大夫子弟，数岁已上，莫不被教，多者或至《礼》《传》，少者不失《诗》《论》③。及至冠婚④，体性稍定；因此天机，倍须训诱。有志尚者，遂能磨砺，以就素业⑤，无履立者，自兹堕⑥慢，便为凡人。人生在世，会当有业：农民则计量耕稼，商贾则讨论货贿，工巧则致精器用，伎艺则沉思法术，武夫则惯习弓马，文士则讲议经书。多见士大夫耻涉农商，差务工伎，射则不能穿札，笔则才记姓名，饱食醉酒，忽忽无事，以此销日，以此终年。或因家世余绪，得一阶半级，便自为足，全忘修学；及有吉凶大事，议论得失，蒙然张口，如坐云雾；公私宴集，谈古赋诗，塞默低头，欠伸而已。有识旁观，代其入地。何惜数年勤学，长受一生愧辱哉！

注释

　　①郑重：此处是频繁的意思。②寤（wù）：通"悟"。③《礼》：指《礼记》。《传》：指《左传》。《论》：指《论语》。④冠婚：旧时男子二十岁行加冠之礼，称冠礼，表示已成年。⑤素业：清素之业，即士族所从事的儒业。本书《诫兵》篇："违弃素业。"义同。⑥堕：通"惰"。

译文

从古至今的那些圣明帝王都必须勤奋学习，何况一个普通百姓呢！这类事在经书、史书中随处可见，我也不想再多举例，姑且举近世紧要的事说说，以启发开导你们。现在士大夫的子弟长到几岁以后，没有不受教育的，那学得多的已学了《礼经》《春秋三传》，那学得少的也学完了《诗经》《论语》。待到他们成年，体质性情逐渐成形，趁这个时候，就要加倍地对他们进行训育诱导。他们中间那些有志气的就可以经受磨炼，以成就其清白正大的事业，而那些没有操守的，从此懒散起来，成了平庸的人。人生在世，应该从事一定的工作：当农民的就要计划耕田种地，当商贩的就要商谈买卖交易，当工匠的就要精心制作各种用品，当艺人的就要深入研习各种技艺，当武士的就要熟悉骑马射箭，当文人的就要讲谈讨论儒家经书。我见到许多士大夫耻于从事农业商业，又缺乏手工技艺方面的本事，让他射箭，他连一层铠甲也射不穿，让他动笔，仅仅能写出自己的名字，整天酒足饭饱，无所事事，以此消磨时光，以此了结一生。还有的人因祖上的荫庇而得到一官半职，于是便自我满足，完全忘记了学习的事，碰上有吉凶大事，议论起得失来，就张口结舌，茫然无知，如坠入云雾之中一般。在各种公私宴会的场合，别人谈古论今，赋诗明志，他却像塞住了嘴一般，低着头不吭声，只有打哈欠的份儿。有见识的旁观者都替他害臊，恨不能钻到地下去。这些人又何必吝惜几年的勤学，而去长受一生的愧辱呢！

原文

梁朝全盛之时，贵游子弟①，多无学术，至于谚云："上车不落则著作，体中何如②则秘书。"无不熏衣剃面，傅粉施朱，驾长檐车③，跟高齿屐④，坐棋子方褥⑤，凭斑丝隐囊⑥，列器玩于左右，从容出入，望若神仙。明经⑦求第，则顾人答策⑧；三九⑨公宴，则假手赋诗。当尔之时，亦快士⑩也。及离乱之后，朝市⑪迁革，铨衡选举，非复曩者之亲；当路秉权，不见昔时之党。求诸身而无所得，施之世而无所用。被褐而丧珠，失皮而露质，兀若枯木，泊若穷流，鹿独⑫戎马之间，转死沟壑之际。当尔之时，诚驽材也。有学艺者，触地而安。自荒乱以来，诸见俘虏。虽百世小人，知读《论语》《孝经》者，尚为人师；虽千载冠冕，不晓书记者，莫不耕田养马。以此观之，安可不自勉耶？若能常保数百卷书，千载终不为小人⑬也。

注释

①贵游子弟：无官职的王公贵族叫贵游，他们的子弟叫贵游子弟。此处是泛称贵族子弟。②著作：著作郎，官名，掌编纂国史。体中何如：当时书信中的客

套话。③长檐车：一种用车幔覆盖整个车身的车子。④高齿屐：一种装有高齿的木底鞋。⑤棋子方褥：一种用方格图案的丝织品制成的方形坐褥。⑥隐囊：靠枕。⑦明经：六朝以明经取士。⑧顾：同"雇"。答策：对策，此指应试。⑨三九：指三公九卿。⑩快士：优秀人物。⑪朝市：此指朝廷。⑫鹿独：流离颠沛的样子。⑬小人：指平民百姓。

译文

梁朝全盛之时，那些贵族子弟大多不学无术，以致当时的谚语说："登车不跌跤，可当著作郎；会说身体好，可做秘书官。"这些贵族子弟没有一个不是以香料熏衣，修剃脸面，涂脂抹粉的；他们外出乘长檐车，走路穿高齿屐，坐在织有方格图案的丝绸坐褥上，倚靠着五彩丝线织成的靠枕，身边摆的是各种古玩，进进出出派头十足，看上去好像神仙模样。到明经答问求取功名的时候，他们就雇人顶替自己去应试，在三公九卿列席的宴会上，他们就借别人之手来为自己作诗，在这种时刻，他们倒显得像模像样的。等到动乱来临，朝廷变迁革易，考察选拔官吏时，不再任用过去的亲信，在朝中执掌大权的再看不见过去的同党。这时候，这些贵族子弟们自己不中用，想在社会上发挥作用又没有本事。于是他们只能身穿粗布衣服，卖掉家中的珠宝，失去华丽的外表，露出无能的本质，呆头呆脑如同一段枯木，有气无力像一条快要干涸的流水，在乱军中颠沛流离，最后抛尸于荒沟野壑之中，在这种时候，这些贵族子弟就完完全全成了蠢材。有学问有手艺的人，走到哪里都可以站稳脚跟。自从兵荒马乱以来，我见过不少俘虏，其中一些人虽然世世代代都是平民百姓，但由于懂得《孝经》《论语》，因此还可以去给别人当老师；而另外一些人，虽然是年代久远的世家大族子弟，但由于不会动笔，结果没有一个不是去给别人耕田养马的。由此看来，怎么会不努力学习呢？如果能够经常保有几百卷书，就是再过一千年，也始终不会沦为平民百姓的。

原文

夫明《六经》之指①，涉百家之书，纵不能增益德行，敦厉风俗，犹为一艺②，得以自资。父兄不可常依，乡国不可常保，一旦流离，无人庇荫，当自求诸身耳。谚曰："积财千万，不如薄伎③在身。"伎之易习而可贵者，无过读书也。世人不问愚智，皆欲识人之多，见事之广，而不肯读书，是犹求饱而懒营馔，欲暖而惰裁衣也。夫读书之人，自羲、农④已来，宇宙之下，凡识几人，凡见几事，生民之成败好恶，固不足论，天地所不能藏，鬼神所不能隐也。

注 释

①六经：依《礼记·经解》所列，为《诗》《书》《乐》《易》《礼》《春秋》。指：通"旨"。②艺：技艺，才能。③伎：通"技"。④羲、农：伏羲、神农，均为传说中的旧时帝王，与女娲并称"三皇"。

译 文

通晓"六经"旨意，涉猎百家著述，即使不能增强道德修养，劝勉世风习俗，也仍然不失为一种才艺，可借此自我充实。父亲兄长是不能够长期依赖的，家乡邦国是不能够常保无事的，一旦流离失所，没有人来庇护周济你时，就需要自己想办法了。俗话说："积财千万，不如薄技在身。"容易学习而又可致富贵的本事无过于读书了。世人不管他是愚蠢，还是聪明，都希望认识的人多，见识的事广，却不肯去读书，这就有如想要饱餐却懒于做饭，想得身暖却懒于裁衣一样。那些读书人，从伏羲、神农的时代以来，在这世界上，共认识了多少人，见识了多少事，对一般人的成败好恶，他们看得很清楚，这固然不必再说，就是天地鬼神的事，也是瞒不过他们的。

原文

有客难主人①曰："吾见强弩长戟②，诛罪安民，以取公侯者有矣；文义③习吏，匡时富国，以取卿相者有矣；学备古今，才兼文武，身无禄位，妻子饥寒者，不可胜数，安足贵学乎？"主人对曰："夫命之穷达，犹金玉木石也；修以学艺，犹磨莹雕刻也。金玉之磨莹，自美其矿璞④；木石之段块，自丑其雕刻。安可言木石之雕刻，乃胜金玉之矿璞哉？不得以有学之贫贱，比于无学之富贵也。且负甲为兵，咋⑤笔为吏，身死名灭者如牛毛，角立杰出者如芝草⑥；握素披黄⑦，吟道咏德，苦辛无益者如日蚀，逸乐名利者如秋荼⑧，岂得同年⑨而语矣。且又闻之：生而知之者上，学而知之者次⑩。所以学者，欲其多知明达耳。必有天才，拔群出类，为将则暗与孙武⑪、吴起同术，执政则悬得管仲、子产⑫之教，虽未读书，吾亦谓之学矣⑬。今子即不能然，不师古之踪迹，犹蒙被而卧耳。"

注释

①主人：作者自称。②弩、戟：古代兵器。③文：文饰。此处作阐释解。义：礼仪。④矿：未经冶炼的金属。璞：未经雕琢的玉石。⑤咋：啃咬。⑥角力：如角之挺立。芝草：灵芝草，一种菌类植物，旧时人以为瑞草。⑦素：绢素，旧时用于抄写书籍的丝织品。黄：黄卷，古时用黄檗染纸以防蠹，故名。素、黄均代指书籍。⑧秋荼：荼至秋而花繁叶密，此喻其多。⑨同年：相等。⑩"且又闻之"三句：《论语·季氏》："孔子曰：生而知之者，上也；学而知之者，次也……"⑪孙武：春秋时期杰出军事家，字长卿，齐国人。⑫管仲：管夷吾，字仲。春秋齐颍上人。相齐国，助桓公成为春秋五霸之首。子产：即公孙侨、公孙成子。春秋时期政治家。⑬虽未读书，吾亦谓之学矣：《论语·学而》："虽曰未学，吾必谓之学也。"

译文

有客人对我发问说："那些手持强弓长戟去诛灭罪恶之人，安抚黎民百姓，以此博取公侯爵位的人，我认为是有的；那些阐释礼仪，研习吏道，匡正时尚，使国家富足，以此博取卿相职位的人，我认为是有的；而那些学问贯通古今，才能文武兼备，却身无俸禄官爵，妻子、儿女挨饿受冻的人，却是数也数不清，照此说来，哪里值得对学习那么看重呢？"我回答他说："一个人的命运是困厄还是显达，就如同金、玉与木、石；研习学问就好比琢磨金、玉，雕刻木、石。金、玉经过琢磨，就比矿、璞来得更美，木、石截成段、敲成块，就比经过雕刻来得丑陋，但怎么能说经过雕刻的木、石就胜过未经琢磨的矿金、璞呢？因此，不能以有学问之人的贫贱去与那无学问之人的富贵相比。况且，那些披挂铠甲去当兵、口含笔管充任小吏的人身死名灭者多如牛毛，脱颖而出者少如灵芝草；如今，勤奋攻读、修养品性、含辛茹苦而没有任何益处的人就像日食一样少见，而闲适安乐、追名逐利的人却像秋荼那样繁多，哪能把二者相提并论呢。况且我又听说：生下来就懂得事理的是上等人，通过学习才明白事理的是次一等的人。人之所以要学习，就是想使自己的知识得到丰富，明白通达。如果说一定有天才存在的话，那就是出类拔萃的人，作为将军，在暗中，他们具备了与孙武、吴起相同的军事谋略；作为执政者，他们先天就获得了管仲、子产的政教才干。虽然他们从未读过书，但我也要说他们是有学问的。现在您不能够做到这一点，又不去师法古人的所作所为，那就好比蒙着被子睡大觉，什么也看不见了。"

原 文

人见邻里亲戚有佳快①者，使子弟慕而学之，不知使学古人，何其蔽也哉？世人但见跨马被甲，长稍强弓，便云我能为将；不知明乎天道，辩乎地利②，比量逆顺，鉴达兴亡之妙也。但知承上接下，积财聚谷，便云我能为相；不知敬鬼事神，移风易俗，调节阴阳③，荐举贤圣之至④也。但知私财不入，公事凤办，便云我能治民；不知诚己刑物⑤，执辔如组⑥，反风灭火，化鸱为凤之术也。但知抱令守律，早刑晚舍，便云我能平狱；不知同辕观罪，分剑追财，假言而奸露，不问而情得之察也。爰及农商工贾，厮役奴隶，钓鱼屠肉，饭牛牧羊，皆有先达，可为师表，博学求之，无不利于事也。

注 释

①佳快：优秀之意。②"不知明乎天道，辩乎地利：《孙子·计》："天者，阴阳寒暑时制也。地者，远近险易广狭生死也。"③阴阳：中国哲学的一对范畴，旧时思想家以此解释自然界两种对立和相互消长的物质势力。④至：周密。⑤刑物：给人做出榜样。刑，同"型"。⑥辔：马缰绳。组：用丝织成的宽带子。旧时一车四马，每马两条缰绳，驾车人手牵着马缰绳，就像一条正在编织的丝带一般。

译 文

人们看见邻居、亲戚中有出人头地的人物，懂得让自己的子弟欣慕他们，向他们学习，却不明白让自己的子弟向古人学习，这是多么无知啊。一般人只看见当将军的跨

骏马，披铠甲，手持长矛强弓，就说我也能当将军，却不懂得了解天时的阴晴寒暑，分辨地理的险易远近，比较权衡逆境、顺境，审察把握兴盛衰亡的种种奥妙。一般人只知道当宰相的秉承旨意，统领百官，为国积财储粮，就说我也可以当宰相，却不知道侍奉鬼神，移风易俗，调节阴阳，荐贤举能的种种周到细致。一般人只知道私财不落腰包，公事及早办理，就说我也可以管理好百姓，却不知道诚恳待人，为人楷模，治理百姓，如驾车马，止风灭火，消灾免难，化鹦为凤，变恶为善的种种道理。一般人只知道遵循法令条律，判刑赶早，赦免推迟，就说我也可以秉公办案，却不知道同辕观罪、分剑追财，用假言诱使诈伪者暴露，不用反复审问而案情自明这种种深刻的洞察力。推而广之，甚至那些农夫、商贾、工匠、童仆、奴隶、渔民、屠夫、喂牛的、放羊的中间都有在德行学问上堪为前辈的人，可以作为学习的榜样，广泛地向这些人学习，对事业是不无好处的。

原　文

　　夫所以读书学问，本欲开心明目，利于行耳。未知养亲者，欲其观古人之先意承颜①，怡声下气②，不惮劬劳，以致甘腝③，惕然惭惧，起而行之也。未知事君者，欲其观古人之守职无侵，见危授命④，不忘诚⑤谏，以利社稷，恻然自念，思欲效之也。素骄奢者，欲其观古人之恭俭节用，卑以自牧，礼为教本，敬者身基，瞿然自失，敛容抑志也；素鄙吝者，欲其观古人之贵义轻财，少私寡欲，忌盈恶满，赒穷恤匮，赧然悔耻，积而能散也；素暴悍者，欲其观古人之小心黜己，齿弊舌存，含垢藏疾⑥，尊贤容众，苶然⑦沮丧，若不胜衣⑧也；素怯懦者，欲其观古人之达生委命⑨，强毅正直，立言必信，求福不回，勃然奋厉，不可恐慑也：历兹以往，百行皆然。纵不能淳，去泰去甚。学之所知，施无不达。世人读书者，但能言之，不能行之，忠孝无闻，仁义不足；加以断一条讼，不必得其理；宰千户县，不必理其民；问其造屋，不必知楣⑩横而梲竖也；问其为田，不必知稷早而黍迟也；吟啸谈谑，讽咏辞赋，事既优闲，材增迟诞，军国经纶，略无施用，故为武人俗吏所共嗤诋，良由是乎！

注　释

　　①先意承颜：指孝子先父母之意而顺承其志。②怡声不气：指声气和悦，形容恭顺的样子。③甘腝（ruǎn）：鲜美柔软的食物。④授命：献出生命。⑤诚：避隋文帝父"忠"字讳改。⑥含垢藏疾：包容污垢，藏匿恶物。形容宽仁大度。⑦苶（nié）然：疲倦的样子。⑧不胜衣：谦恭退让的样子。⑨达生：不受世务牵累的意思。委命：听任命

运支配。⑩去泰去甚：去其过甚。谓事宜适中。千户县：指最小的县。楣：房屋的横梁。

人之所以要读书求学，本来是为了开发心智，提高认识能力，以利于自己的行动。对那些不懂得奉养父母的人，我想让他们看看古人体察父母心意，按父母的意愿办事；轻言细语、和颜悦色地与父母谈话；怎样不怕劳苦，为父母弄到香甜软嫩的食品，使他们看了之后感到畏惧惭愧，起而效法古人。对那些不懂得怎样侍奉国君的人，我想让他们看看古人怎样笃守职责，不侵凌犯上；怎样在危急关头，不惜牺牲性命；怎样以国家利益为重，不忘自己忠心进谏的职责，使他们看了之后痛心疾首地对照自己，进而想去效法古人。对那些平时骄横奢侈的人，我想让他们看看古人怎样恭谨俭朴，节约费用；怎样以谦卑自守，以礼让为政教之本，以恭敬为立身之根，使他们看了之后震惊变色，自感若有所失，从而端正态度，抑制那骄奢的心意。对那些平时浅薄吝啬的人，我想让他们看看古人怎样贵义轻财，少私寡欲，忌盈恶满；怎样周济鳏寡孤独，体恤贫民百姓，使他们看了之后脸红，产生懊悔羞耻之心，从而做到既能积财，又能散财。对那些平时暴虐凶悍的人，我想让他们看看古人怎样小心恭谨，自我约束，懂得齿亡舌存的道理；怎样宽仁大度，尊重贤士，容纳众人，使他们看了之后气焰顿消，显出谦恭退让的样子来。对那些平时胆小懦弱的人，我想让他们看看古人如何无牵无碍，听天由命，如何强毅正直，说话算数，如何祈求福运，不违祖道，使他们看了之后能奋发振作，无所畏惧，以此类推，各方面的品行都可以采取以上方式来培养，即使不能使风气淳正，也可以去掉那些偏离道德规范的不良行为。从学习中所获取的知识，没有什么地方不可运用。然而现在的读书人只知空谈，不能行动，忠孝谈不上，仁义也欠缺，再加上他们审断一桩官司，不一定了解了其中道理，主管一个千户小县，不一定亲自管理过百姓；问他们怎样造房子，不一定知道楣是横着放而梲是竖着放；问他们怎样种田，不一定知道高粱要早下种而黍子要晚下种。整天只知道吟咏歌唱，谈笑戏谑，写诗作赋，悠闲自在，迂阔荒诞，而对治军治国则毫无办法，所以他们被那些武官俗吏嗤笑辱骂，这确实是有原因的。

原 文

夫学者所以求益耳。见人读数十卷书，便自高大，凌忽长者，轻慢同列。人疾之如仇敌，恶之如鸱枭①。如此以学自损，不如无学也。

注 释

①鸱（chī）枭：鸱为猛禽，传说枭食母，古人以为皆恶鸟。

译 文

人们学习是为了用它得到好处。我看见有的人读了几十卷书，就自高自大起来，冒犯长者，轻慢同辈。大家仇视他好比对仇敌一般，厌恶他好比对鸱枭那样的恶鸟一般。像这样用学习给自己招来损害，还不如不要学习。

原 文

古之学者为己，以补不足也；今之学者为人，但能说之也。古之学者为人，行道以利世也；今之学者为己，修身以求进也。夫学者犹种树也，春玩其华，秋登其实；讲论文章，春华也，修身利行①，秋实也。

注 释

①修身利行：涵养德行，以利于事。

译 文

古代求学的人是为了充实自己，以弥补自身的缺乏；现在求学的人是为了向别人炫耀，只能夸夸其谈。古代求学的人是为了广利大众，推行自己的主张以造福社会；现在求学的人是为了自身需要，涵养德行以求仕进。求学就像种果树一样，春天可以观赏它的花朵，秋天可以收取它的果实。讲论文章，这就好比赏玩春花；修身利行，这就好比摘取秋果。

原 文

人生小幼，精神专利，长成已后，思虑散逸，固须早教，勿失机也。吾七岁时，诵《灵光殿赋》①，至于今日，十年一理，犹不遗忘；二十之外，所诵经书，一月废置，便至荒芜矣。然人有坎壈②，失于盛年，犹当晚学，不可自弃。孔子云："五十以学《易》，可以无大过矣③。"魏武、袁遗④，老而弥笃，此皆少学而至老不倦也。曾子七十乃学，名闻天下⑤；荀卿⑥五十，始来游学，犹为硕儒；公孙弘⑦四十余，方读《春秋》，以此遂登丞相；朱云⑧亦四十，始学《易》《论语》；皇甫谧⑨二十，始受《孝经》《论语》：皆终成大儒，此并早迷而晚寤也。世人婚冠未学，便称迟暮，因循面墙，亦为愚耳。幼而学者，如日出之光，老而学者，如秉烛夜行，犹贤乎瞑目而无见者也⑩。

注释

①《灵光殿赋》：东汉文学家王逸的儿子王延寿所作。灵光殿，西汉宗室鲁恭王所建。②坎壈：困顿；不得志。③"孔子云"三句：语见《论语·述而》。朱熹《集注》："学《易》，则明乎吉凶消长之理，进退存亡之道，故可以无大过。"④魏武：即魏武帝曹操。袁遗：字伯业，为袁绍堂兄，任长安令。⑤"曾子七十乃学"二句：《类说》"七十"作"十七"，曾子小孔子四十六岁，而从其学，故此处应以"十七"为当。旧时十七岁已达入仕之年，而曾子十七岁始学，故可谓晚学。⑥荀卿：战国时期思想家、教育家。名况，时人尊之而号为"卿"。⑦公孙弘：字季，汉代人。年四十余始学《春秋》，元朔中为丞相，封平津侯。⑧朱云：字游，汉代平陵人。年四十，从博士白子友学《易经》，又从萧望之学《论语》。⑨皇甫谧：字士安。晋代学者。⑩"幼而学者"五句：《说苑·建本》："师旷曰：'少而好学，如日出之阳；壮而好学，如日中之光；老而好学，如秉烛之明。秉烛之明，孰与昧行乎？'"

译 文

人在幼小的时候，精神专注敏锐，长大成人以后，思想容易分散，所以，对孩子确实需要及早教育，不可坐失良机。我在七岁的时候背诵《灵光殿赋》，直到今天，隔十年温习一次，仍然不会遗忘。二十岁以后所背诵的经书，搁置在那里一个月，便到了荒废的地步。当然，人总有困厄的时候，壮年时失去了求学的机会，仍然应当在晚年时抓紧时间进行学习，不可自暴自弃。孔子说："五十岁时学习《易》，就可以不犯大的过错了。"魏武帝、袁遗，他俩到老年时学习的兴趣愈加浓厚，这些都是年轻时勤奋学习直到老年也不厌倦的例子。曾子十七岁时才开始学习，最后名闻天下；荀卿五十岁才开始到齐国游学，后来仍然成了大学者；公孙弘四十多岁才开始读《春秋》，后来靠这一学问终于当上了丞相；朱云也是四十岁才开始学习《易经》《论语》，皇甫谧二十岁才开始学习《孝经》《论语》，最后他们都成了大学者。这些都是早年沉迷而晚年醒悟的例子。如果普通人到成年以后还未开始学习，就说晚了晚了，就这样拖拖拉拉过日子，好像面对着一堵墙壁，什么也看不见，也可算是愚蠢的了。从小就开始学习的人就如同太阳初升时的光芒；到老来才开始学习的人就如同手持蜡烛在夜间行走，但总比那闭着眼睛什么也看不见的人强。

原 文

学之兴废，随世轻重。汉时贤俊，皆以一经弘圣人之道，上明天时，下该人事，用此致卿相者多矣。末俗①已来不复尔，空守章句②，但诵师言，施之世务，殆无一可。故士大夫子弟，皆以博涉为贵，不肯专儒。梁朝皇孙以下，总丱③之年，必先入学，观其志尚，出身④已后，便从文吏，略无卒业者。冠冕⑤为此者，则有何胤、刘瓛、明山宾、周舍、朱异、周弘正、贺琛、贺革、萧子政、刘绍等，兼通文史，不徒讲说也。洛阳亦闻崔浩、张伟、刘芳，邺下又见邢子才：此四儒者，虽好经术，亦以才博擅名。如此诸贤，故为上品，以外率多田野间人，音辞鄙陋，风操蚩拙，相与专固，无所堪能，问一言辄酬数百，责其指归，或无要会⑥。邺下谚云："博士⑦买驴，书券三纸，未有驴字。"使汝以此为师，令人气塞。孔子曰："学也禄在其中矣。"今勤无益之事，恐非业也。夫圣人之书，所以设教，但明练经文，粗通注义，常使言行有得，亦足为人；何必"仲尼居"即须两纸疏义⑧，燕寝讲堂⑨，亦复何在？以此得胜，宁有益乎？光阴可惜，譬诸逝水。当博览机要，以济功业；必能兼美，吾无间⑩焉。

①末俗：指末世的风俗。②章句：指古书的章节句读。③总丱（guàn）：《诗·齐风·甫田》："总角丱兮。"角，小髻。丱，儿童的发髻向上分开的样子。此指童年时代。④出身：指出仕。⑤冠：帽子的总称。冕：旧时贵族所戴的礼冠。这里的冠冕为仕宦的代称。⑥要会：要旨的意思。⑦博士：国子学中主讲《经》的人。此泛指执教的人。⑧仲尼居：《孝经·开宗明义》第一章章首文。疏义：系对经注而言，注是注解经文，疏是演绎注文。⑨燕寝：闲居之处。讲堂：讲习之所。此句说解经之家对仲尼居的"居"字有的释为闲居之处，有的释为讲习之所，各持一端。⑩间：这里是批评的意思。

译文

学习风气的兴盛或衰败随世道的变迁而变化。汉朝时代的贤士俊才们都靠精通一部经书来发扬光大圣人之道，上知晓天命，下贯通人事，他们中凭着这个特长而获取卿相职位的人可多了。汉末风气改变以后就不再是这样了，读书人都空守章句之学，只知道背诵老师讲过的现成话，如果靠这些东西来处理实际事务，我看大概不会有什么用处。因此，后来的士大夫子弟读书都以广泛涉猎为贵，不肯专攻一经。梁朝从皇孙以下，在儿童时就一定先让他们入学读书，观察他们的志尚，到了步入仕途的年龄后，就去参与文官的事务，没有一个是把学业坚持到底的。既当官，又能坚持学业的，则有何胤、刘瓛、明山宾、周舍、朱异、周弘正、贺琛、贺革、萧子政、刘绍等人，这些人文笔也很在行，不只是能口头讲讲而已。在洛阳城，我还听说过崔浩、张伟、刘芳三人的大名，邺下那里还有位邢子才，虽然这四位学者都较为喜好经术，但也以才识广博擅名。像以上各位贤士，原本就该是为官者中的上品，除此之外，就大都是些村夫庸人，这些人语言鄙陋，风度拙劣，互相之间固执己见，任何事也干不了，你问他一句话，他就会答出几百句，若要问他其中的意旨究竟是什么，大概他一点也摸不到边。邺下有谚语说："执教的人上市去买驴，契约写了三大张，不见写出个驴字。"如果让你以这种人为师，岂不会使人丧气。孔子说："去学习吧，你的俸禄就在其中了。"而今这些人却在那些毫无益处的事情上下工夫，这恐怕不是正经行当吧。圣人的书是用来教育人的，只要能熟读经文，精通注文之义，使之对自己的言行经常提供些帮助，那么也就足以在世上为人了，何必对"仲尼居"三个字就要写它两张纸的疏文来解释呢，你说"居"指闲居之处，他说"居"指讲习之所，现在又有哪个能够亲见？在这种问题上争个你输我赢，难道会有什么好处吗？光阴可惜，就像那逝去的流水般一去不返，我们应当广泛阅读书中那些精要之处，以求对自己的事业有所帮助。如果你们能把博览与专精结合起来，那我就非常满意，再无话可说了。

原文

俗间儒士，不涉群书，经纬①之外，义疏②而已。吾初入邺，与博陵崔文彦交游，尝说《王粲③集》中难郑玄《尚书》事。崔转为诸儒道之，始将发口，悬见排蹙，云："文集只有诗赋铭诔④，岂当论经书事乎？且先儒之中，未闻有王粲也。"崔笑而退，竟不以粲集示之。魏收⑤之在议曹，与诸博士议宗庙事，引据《汉书》，博士笑曰："未闻《汉书》得证经术。"收便忿怒，都不复言，取《韦玄成⑥传》，掷之而起。博士一夜共披寻之，达明，乃来谢曰："不谓玄成如此学也。"

注释

①经纬：经书和纬书。经书指儒家经典著作。纬书是对经书而言，是汉代混合神学附会儒家经义的书。②义疏：解经之书。其名源于佛家的解释佛典。之后指会通中国古书义理，加以阐释发挥；或指广搜群书，补充旧注，究明原委的书。③王粲：汉末文学家。字仲宣，山阳高平人（今山东邹县）。以博洽著称。为建安七子之一。④赋、铭、诔：均为文体名，与诗同为有韵之文。⑤魏收：北齐文学家、史学家。⑥韦玄成：《汉书·韦贤传》载："贤少子玄成，字少翁。好学，修父业，以明经擢为谏大夫。永光中，代于定国为丞相，议罢郡国庙，又议太上皇、孝惠、孝文、孝景庙，皆亲尽宜毁，诸寝园日月间祀，皆勿复修。"

译文

世间的读书人不去广泛涉猎群书，除了读各种经书和纬书外，就是学学解释这些经典的注疏而已。我刚到邺城时，与博陵的崔文彦交游，我和他曾谈起《王粲集》中关于王粲责难郑玄《尚书注》的事，崔文彦转而对几位读书人谈起此事，刚要开口，就被他们责难说："文集中只有诗、赋、铭、诔等类文体，难道会论及有关经书的事吗？况且在先儒之中，也没听说过王粲这人啊。"崔文彦笑了笑便告辞了，终究未把《王粲集》给他们看。魏收在议曹任上时，与各位博士议及有关宗庙之事，并引《汉书》为据，众博士笑着说："我们没有听说过《汉书》可以证验经学的。"魏收很恼火，一句话也不再说，把《汉书》中的《韦玄成传》扔给他们，就起身退出了。众博士花了一个晚上的时间来共同翻检此书，第二天才来道歉说："想不到韦玄成还有这等学问啊。"

原 文

夫老、庄之书，盖全真①养性，不肯以物累己也。故藏名柱史②，终蹈流沙；匿迹漆园③，卒辞楚相，此任纵之徒耳。何晏、王弼，祖述玄宗，递相夸尚，景④附草靡，皆以农、黄之化，在乎己身，周、孔之业，弃之度外。而平叔以党曹爽见诛，触死权⑤之网也；辅嗣以多笑人被疾，陷好胜之阱也；山巨源以蓄积取讥，背多藏厚亡之文也；夏侯玄以才望被戮，无支离臃肿⑥之鉴也；荀奉倩丧妻，神伤而卒，非鼓缶之情也；王夷甫悼子，悲不自胜，异东门之达也；嵇叔夜排俗取祸，岂和光同尘⑦之流也；郭子玄以倾动专势，宁后身外己之风也；阮嗣宗沉酒荒迷，乖畏途相诫之譬也；谢幼舆赃贿黜削，违弃其余鱼之旨也：彼诸人者，并其领袖，玄宗所归。其余桎梏尘滓⑧之中，颠仆名利之下者，岂可备言乎！直取其清谈雅论，剖玄析微，宾主往复，娱心悦耳，非济世成俗之要也。洎于梁世，兹风复阐，《庄》《老》《周易》，总谓《三玄》。武皇、简文，躬自讲论。周弘正奉赞大猷⑨，化行都邑，学徒千余，实为盛美。元帝在江、荆间，复所爱习，召置学生，亲为教授，废寝忘食，以夜继朝，至乃倦剧愁愤，辄以讲自释。吾时颇预末筵，亲承音旨，性既顽鲁，亦所不好云。

注 释

①全真：保持本性。②藏名柱史：老子做过周代管理图书的柱下史，藏名柱史是说做柱下史而不被外人知道。③匿迹漆园：庄子曾为漆园吏。此指做漆园吏而不为人所知。④景："影"的本字。⑤死权：死于权利。死，为动用法，为……死。⑥支离臃肿：支离和拥肿分别是庄子作品中的人和楮树，由于人的畸形、树的臃肿而终其天年。⑦和光同尘：把光荣和尘浊同样看待。⑧桎梏尘滓：被世俗所禁锢。⑨大猷（yóu）：道术。此指治国之道。

译 文

老子、庄子他们的书都是在讲怎样保持本真性情、修养超然品性的，所以他们不会因为身外之物而牵累自己，使自己过得不开心。老子心甘情愿做一个默默无闻的图书管理员，最后又悄无声息地隐身沙漠之中；庄子则干脆隐居漆园当一个小官，后来楚成王邀请他做相，可是他却不领情。他们都是喜欢自由自在、无拘无束生活的人啊。后来，像何晏、王弼等也宣讲道教的教义。那个时候的人就好比影子伴随形体、草木随风倒一般，大家都以神农、黄帝的教化来装扮自己，至于周公、孔子的礼教等就无人问津了。可是何晏

因为攀附曹爽而遭杀身之祸，这是碰到了贪婪的网上；王弼傲视周围，小看他人而遭到怨恨，这是掉进了好胜的陷阱；山涛由于贪财吝啬而遭到世人非议，这是违背了聚敛得越多失去得越多的古训；夏侯玄以非凡的才能和声望而招致被害，这是因为他还没有从庄子支离和臃肿大树的寓言中吸取教训：无用之才能够保全自己；荀粲因丧妻而伤心致死，说明他还不具有庄子丧妻击缶而歌的超脱情怀；王衍因丧子而痛不欲生，这和东门那个达观地面对丧子之痛的人有着天壤之别；嵇康因清高而命丧黄泉，说明他还没有做到"和其光，同其尘"；郭象因声名显赫而成为达官贵人，最终也没有做到甘于人后；阮籍纵酒迷乱，违背了险途应该小心谨慎的古训；谢鲲因贪污而遭罢官，这是他没有遵守节制物欲的宗旨。以上这些人都是所谓的玄学中的领袖人物。至于那些在尘世污秽、名利官场之中毫无自由可言的人，就更不用说了。这些人无非拿老、庄书中一些清谈雅论什么的，剖析一下其中的玄妙之处，宾主之间相互问答取娱，贪图一时的快乐，这对于形成良好的社会风气有什么用呢？到了梁朝，这种崇尚道教的风气又开始流行，那个时候兴玄学，《庄子》《老子》《周易》被人们称为"三玄"。这个东西，就连梁武帝和简文帝都亲自加以讲论。周弘正奉君王之命，讲解如何以道教治国的大道理，偏远小城镇的人都来听讲，有时听讲的人达数千，真是盛况空前。后来元帝在江陵、荆州的时候，也对玄学乐此不疲，还召集学生亲自给他们讲解，以至于夜以继日、废寝忘食。他在身心疲惫、忧愁烦闷的时候，也会拿玄学来自我减压。当时我偶尔也会在末位听讲，有幸聆听元帝的教诲，对于我这个天资愚笨的人来说，这并没有特别的获益。

原 文

　　齐孝昭帝侍娄太后①疾，容色憔悴，服膳减损。徐之才②为灸两穴，帝握拳代痛，爪入掌心，血流满手。后既痊愈，帝寻疾崩，遗诏恨不见太后山陵③之事。其天性至孝如彼，不识忌讳如此，良由无学所为。若见古人之讥欲母早死而悲哭之④，则不发此言也。孝为百行之首，犹须学以修饰之，况余事乎！

注 释

　　①齐孝昭帝：名演，字延安，北齐君主，560年在位。娄太后：《北齐书·神武明皇后传》："娄氏，讳昭君，司徒内干之女。"②徐之才：《北齐书·徐之才传》："之才，丹阳人，大善医术，兼有机辩。"③山陵：指帝王或皇后的坟墓。此指孝昭帝母亲的丧事。④若见古人之讥欲母早死而悲哭之：《淮南子·说山》："东家母死，其子哭之不哀。西家子见之，归谓其母曰：'社何爱速死，吾必悲哭社。'夫欲其母之死者，虽死亦

不能悲哭矣。"

译文

　　北齐的孝昭帝护理病中的娄太后，因此而脸色憔悴，饭量与日减少。徐之才用艾炷灸太后的两个穴位，太后疼痛忍无可忍，孝昭帝让母亲握住自己的手以代痛，指甲嵌入掌心，以致血流满手。太后的病终于痊愈，而孝昭帝却积劳成疾，没多久就去世了，临终留下遗诏说：他遗憾的是不能够为娄太后操办后事，以尽到最后的孝心。他这人的天性是这样孝顺，而不懂得忌讳却又到如此地步，这确实是不学习造成的。如果他从书中看到过有关古人讽刺那盼望母亲早死以便痛哭尽孝的人的记载，就不会在遗诏中说出那样的话了。孝为百行之首，尚且需要通过学习去培养完善，更何况其他事呢！

原文

　　梁元帝尝为吾说："昔在会稽①，年始十二，便已好学。时又患疥，手不得拳，膝不得屈。闲斋张葛②帏避蝇独坐，银瓯贮山阴甜酒，时复进之，以自宽痛。率意自读史书，一日二十卷，既未师受，或不识一字，或不解一语，要自重之，不知厌倦。"帝子之尊，童稚之逸，尚能如此，况其庶士，冀以自达者哉？

注释

　　①会稽：郡名。南朝时期其治所在山阴（今浙江绍兴）。②葛：植物名。多年生蔓草。其茎的纤维可制葛布。

译文

　　梁元帝曾经对我说："过去我在会稽郡的时候，年龄才十二岁，就已经喜欢学习了。当时我身患疥疮，手不能握拳，膝不能弯曲。我在闲斋中挂上葛布制成的帐子，以避开苍蝇独坐，身边的小银盆内装着山阴甜酒，不时喝上几口，以此减轻疼痛。这时我就独自随意读一些史书，一天读二十卷，既然没有老师传授，就经常会有一个字不认识，或一句话不能够理解的情况，这就需要严格要求自己，而不感到厌倦。"元帝以帝王之子的尊贵，以孩童的闲适，尚且能够用功学习，何况那些希望通过学习以求显达的小官吏呢？

原 文

　　古人勤学，有握锥①投斧，照雪聚萤②，锄则带经③，牧则编简④，亦为勤笃。梁世彭城刘绮，交州刺史勃之孙，早孤家贫，灯烛难办，常买荻尺寸折之，然⑤明夜读。孝元初出会稽，精选寮案⑥，绮以才华，为国常侍兼记室⑦，殊蒙礼遇，终于金紫光禄⑧。义阳朱詹，世居江陵，后出扬都⑨，好学，家贫无资，累日不爨⑩，乃时吞纸以实腹。寒无毡被，抱犬而卧，犬亦饥虚，起行盗食，呼之不至，哀声动邻，犹不废业，卒成学士，官至镇南录事参军，为孝元所礼。此乃不可为之事，亦是勤学之一人。东莞臧逢世，年二十余，欲读班固《汉书》，苦假借不久，乃就姊夫刘缓乞丐客刺⑪书翰纸末，手写一本，军府服其志尚，卒以《汉书》闻。

注 释

　　①握锥：指战国时期苏秦以锥刺股事。②照雪：《初学记》引《宋齐语》："孙康家贫，常映雪读书，清淡，交游不杂。"《太平御览》卷十二亦引此文。聚萤：《晋书·车武子传》："武子，南平人。博学多通。家贫，不常得油，夏月则练囊盛数十萤火以照书，以夜继日焉。"③锄则带经：汉末的常林也有带经而锄的事。④牧则编简：《汉书·路温舒传》："温舒，字长君，钜鹿东里人。父为里监门，使温舒牧羊，取泽中蒲，截以为牒，编用书写。"⑤然："燃"的本字。⑥精选寮案：《尔雅·释诂》："寮，案，官也。"寮，同"僚"。案，同"采"。⑦绮认才华，为国常侍兼记室：《隋书·百官志》："皇子府置中录事，中记室、中直兵等参军，功曹史、录事、中兵等参军。王国置常侍官。"⑧殊蒙礼遇，终于金紫光禄：《隋书·百官志》："特进、左右光禄大夫、金紫光禄大夫，并为散官，以加文武官之德声者。"⑨扬都：指建业，即今江苏南京市。⑩爨（cuàn）：烧火煮饭。⑪客刺：名刺，名片。

译 文

　　先前的勤学者有用锥子刺大腿以防止瞌睡的苏秦，有投斧于高树、下决心到长安求学的文党，有映雪勤读的孙康，有用袋子收聚萤火虫用来照读的车武子，汉代的常林耕种时也不忘带上经书，还有个路温舒，在放羊的时候就摘蒲草截成小简用来写字。他们也都可以算是能勤奋学习的人。梁朝彭城的刘绮是交州刺史刘勃的孙子，从小死了父亲，家境贫寒，无钱购买灯烛，于是就买来荻草，把它的茎折成尺把长，点燃后照明以进行夜读。梁元帝在任会稽太守的时候，精心选拔官吏，刘绮以他的才华当上了太子府中的国常侍兼记室，很受尊重，最后官至金紫光禄大夫。义阳的朱詹世居江陵，后来到了建业。他非常勤学，家中贫穷无钱，有时连续几天都不能生火煮饭，于是就经常吞食废纸充饥。天冷没有被盖，就抱着狗睡觉。狗也非常饥饿，就跑到外面去偷东西吃，朱詹大声呼唤也不见它归家，哀声惊动邻里。尽管这样，他还是没有荒废学业，终于成为学士，官至镇南录事参军，为元帝所尊重。朱詹之所为是一般人所不能做到的，这也是一个勤学的典型。东莞人臧逢世二十多岁的时候，想读班固的《汉书》，但苦于借来的书自己不能长久阅读，于是就向姐夫刘缓要来名片、书札的边幅纸头，亲手抄得一本。军府中的人都佩服他的志气，后来他终于以研究《汉书》而出了名。

原文

齐有宦者内参①田鹏鸾，本蛮人也。年十四五，初为阍寺②，便知好学，怀袖握书，晓夕讽诵。所居卑末，使彼苦辛，时伺间隙，周章③询请。每至文林馆④，气喘汗流，问书之外，不暇他语。及睹古人节义之事，未尝不感激沉吟久之。吾甚怜爱，倍加开奖。后被赏遇，赐名敬宣，位至侍中开府⑤。后主之奔青州，遣其西出，参伺动静，为周军所获。问齐主何在，绐云："已去，计当出境。"疑其不信，欧捶服之，每折一支⑥，辞色愈厉，竟断四体而卒。蛮夷童丱，犹能以学成忠，齐之将相，比敬宣之奴不若也。

注释

①内参：宦官。②阍（hūn）寺：官名。阍人、寺人之省称。③周章：周游。④文林馆：官署名。北齐置，掌著作及校理典籍，兼训生徒，置学士。⑤侍中：职官名。开府：开建府署，辟置僚属。因其仪仗同于三司（太尉、司徒、司空），故称开府仪同三司。⑥欧：通"殴"。支：通"肢"。

译文

北齐时期有位太监叫田鹏鸾，他本是少数民族。有十四五岁，当初当官禁的阍寺时，就知道好学，身上带着书，早晚诵读。虽然他所处的地位很是低下，工作也很辛苦，但他依然能经常利用空闲时间，四处拜师求教。每次到文林馆，气喘汗流，除了询问书中不懂的地方外，顾不得讲其他的话。每当他从书中看到古人讲气节、重义气的事，就特别激动，连声赞叹，心情久久不能平静。我很喜欢他，对他倍加开导勉励。后来他得到皇帝的赏识，赐名为敬宣，职位到了侍中开府。齐后主逃奔青州的时候，派他往西边去观看动

静，没想到被北周军队俘获。周军问他后主在什么地方，田鹏鸾欺骗他们说："已走了，恐怕已经出境了。"周军不相信他的话，就鞭打他，企图使他屈服；他的四肢每被打断一条，声音和神色就越是严厉，最后被打断四肢而死。一位少数民族的少年尚且能够通过学习而变得如此忠诚，北齐的将相们比敬宣的奴仆都不如啊。

原 文

邺平之后，见徙入关①。思鲁尝谓吾曰："朝无禄位，家无积财，当肆筋力，以申供养。每被课笃②，勤劳经史，未知为子，可得安乎？"吾命之曰："子当以养为心，父当以学为教③。使汝弃学徇财，丰吾衣食，食之安得甘？衣之安得暖？若务先王之道，绍家世之业，藜羹④缊褐，我自欲之。"

注 释

①邺平之后，见徙入关：指北周军队攻占北齐都城邺城，灭北齐，北齐君臣被押送长安事。②笃：通"督"，察视。③父当认学为教：此句，宋本作"父当以教为事"，原注："'教'一本作'学'，'事'一本作'教'。"④藜羹：用嫩藜煮成的羹，这里指粗劣的食物。

译 文

邺城被北周军队平定之后，我们被流放到关内。那时，思鲁对我说："我们在朝廷没人当官，家里也没有积财，我应当尽力干活赚钱，以此尽供养之责。现在，我却时时被督促检查功课，致力于经史之学，难道您不知道我这做儿子的能够在这种情况下安心学习吗？"我教诲他说："当儿子的固然应当把供养父母的责任放在心上，当父亲的却应当把子女的教育作为根本大事。如果让你放弃学业而去赚取钱财，以使我丰衣足食，那么，我吃起饭来怎么能够感到香甜，穿起衣来怎么能够感到温暖呢？如果你能够致力于先王之道，继承我们家世的基业，那么，我纵使吃粗茶淡饭，穿麻布衣衫，也心甘情愿。"

原 文

《书》曰："好问则裕。"《礼》云："独学而无友，则孤陋而寡闻。"盖须切磋相起①明也。见有闭门读书，师心自是②，稠人广坐③，谬误差失者多矣。《穀梁传》称公子友与莒挐相搏，左右呼曰："孟劳。"孟劳者，鲁之宝刀名，亦见《广雅》。近在齐时，有姜仲岳谓："孟劳者，公子左右，姓孟名劳，多力之人，为国所宝。"与吾苦诤。时清河郡守邢峙，当世硕儒，助吾证之，赧然而伏。又《三辅决录》云，灵帝殿柱题曰："堂堂乎张，京兆田郎。"盖引《论语》，偶以四言，目京兆人田凤也。有一才士，乃言："时张京兆及田郎二人皆堂堂耳。"闻吾此说，初大惊骇，其后寻愧悔焉。江南有一权贵，读误本《蜀都赋》注，解"蹲鸱，芋也"，乃为"羊"字；人馈羊肉，答书云："损惠④蹲鸱。"举朝惊骇，不解事义，久后寻迹，方知如此。元氏之世⑤，在洛京时，有一才学重臣，新得《史记音》，而颇纰缪⑥，误反"颛顼"字，顼当为许录反，错作许缘反，遂谓朝士言："从来谬音'专旭'，当音'专翾'耳。"此人先有高名，翕然⑦信行；期年之后，更有硕儒，苦相究讨，方知误焉。《汉书·王莽赞》云："紫色蛙声，余分闰位。"谓以伪乱真耳。昔吾尝共人谈书，言乃王莽形状，有一俊士，自许史学，名价甚高，乃云："王莽非直鸱目虎吻，亦紫色蛙声。"又《礼乐志》云："给太官桐马酒。"李奇注："以马乳为酒也，揰挏⑧乃成。"二字并从手。揰挏，此谓撞捣挺挏之，今为酪酒亦然。向学士又以为种桐时，太官酿马酒乃熟。其孤陋遂至于此。太山羊肃，亦称学问，读潘岳赋"周文弱枝之枣"，为杖策之杖；《世本》"容成造历"，以历为碓⑨磨之磨。

注 释

①起：启发，开导。②师心自是：以己意为师，自以为是。③稠人广坐：公共场合。稠人，众人。④损惠：感谢对方赠送礼物的敬辞。⑤元氏之世：指北魏。元氏是北魏皇帝的姓。⑥纰缪：错误。⑦翕然：聚集的样子。⑧揰挏（chòng dòng）：上下撞击。⑨碓（duì）：舂米的器具。用木、石制成。

译 文

《书经》上说："喜欢提问则知识充足。"《礼经》上说："独自学习而没有朋友共同商讨，就会孤陋寡闻。"看来，学习需要相互切磋，彼此启发，这是很明白的了。我就见过不少闭门读书、自以为是，在大庭广众之下口出谬言的人。《谷梁传》叙述公子友与莒挐两人相搏斗，公子友左右的人呼叫"孟劳"。孟劳是鲁国宝刀的名称，这个解释也见于《广雅》。最近我在齐国，有个叫姜仲岳的人说："孟劳是公子友左右的人，姓孟，名劳，是位大力士，为鲁国人所爱重。"他和我苦苦争辩。当时清河郡守邢峙也在场，他是当今的大学者，帮助我证实了孟劳的真实含义，姜仲岳这才红着脸认输了。此外，《三

辅决录》上说："汉灵帝在官殿柱子上题字：'堂堂乎张，京兆田郎。'"这是引用《论语》中的话，而对以四言句式，用来品评京兆人田凤。有一位才士却将其解释成："当时张京兆及田郎二人都是相貌堂堂的。"他听了我的上述解释后，开始时十分惊骇，后来又对此感到惭愧懊悔。江南有一位权贵，读了误本《蜀都赋》的注解，"蹲鸱，芋也"，"芋"字错作"羊"字。有人馈赠他羊肉，他就回信说："谢谢您赐我蹲鸱。"满朝官员都感到惊骇，不了解他用的是什么典故，经过很长时间查到出典，才明白是这么回事。魏元氏在位的时候，洛京一位有才学而位居重要职务的大臣新近得到一本《史记音》，而内中错谬很多，给"颛顼"一词错误地注音，"顼"字应当注音为许录反，却错注为许缘反，这位大臣就对朝中官员们说："过去一直把颛顼误读成'专旭'，正确应该读成'专翾'。"这位大臣名气早就很大，对于他的意见，大家当然一致赞同并照办。直到一年后，又有大学者对这个词的发音苦苦研究探讨，才知道谬误所在。《汉书·王莽赞》说："紫色蛙声，余分闰位。"是说王莽以假乱真。过去我曾经和别人谈论书籍，其中谈到王莽的模样，有一个聪明能干的人自夸通晓史学，名誉身价很高，却说："王莽不但长得鹰目虎嘴，而且有着紫色的皮肤、青蛙的嗓音。"此外，《礼乐志》上说："给太官挏马酒。"李奇的注解是："以马乳为酒也，撞挏乃成。""撞挏"二字的偏旁都从手。所谓撞挏，这里是说把马奶上下捣击，现在做奶酒也是用这种方法。刚才提到的那个聪明人又认为李奇注解的意思是：要等种桐树之时，太官酿造的马酒才熟。他的学识浅陋竟到了这个地步。太山的羊肃也称得上有学问的人，他读潘岳赋中"周文弱枝之枣"一句，把"枝"字读作杖策的"杖"字；他读《世本》中"容成造历"一句，把"历"字认作碓磨的"磨"字。

原文

谈说制文，援引古昔，必须眼学，勿信耳受。江南闾里①间，士大夫或不学问，羞为鄙朴，道听途说，强事饰辞：呼徵质为周、郑，谓霍乱②为博陆，上荆州必称陕西，下扬都言去海郡，言食则饷口③，道钱则孔方，问移则楚丘④，论婚则宴尔，及王则无不仲宣⑤，语刘则无不公幹。凡有一二百件，传相祖述⑥，寻问莫知原由，施安时复失所。庄生有乘时鹊起之说⑦，故谢朓诗曰："鹊起登吴台。"吾有一亲表，作《七夕》诗云："今夜吴台鹊，亦共往填河⑧。"《罗浮山记》云："望平地树如荠。"故戴暠诗云："长安树如荠⑨。"又邺下有一人《咏树》诗云："遥望长安荠。"又尝见谓矜诞为夸毗，呼高年为富有春秋⑩，皆耳学之过也。

注 释

①间（lǘ）里：乡里。《周礼·天官·小宰》："听间里以版图。"贾公彦疏："在六乡则二十五家为间，在六遂则二十五家为里。"②霍乱：中医泛指有剧烈吐泻、腹痛等症状的急性肠胃疾患。又汉代大臣霍光封博陆侯，这大约是"谓霍乱为博陆"的一点因由。③饴口：《左传·隐公十一年》："而使饴其口于四方。"《说文·食部》："饴，寄食也。"④楚丘：《左传·闵公二年》："僖之元年，齐桓公迁邢于夷仪，封卫于楚丘。邢迁如归，卫国忘亡。"⑤仲宣：王粲为汉末著名文学家，建安七子之一，字仲宣。⑥祖述：效法、遵循前人的行为或学说。⑦庄生有采时鹊起之说：《太平御览》卷九百二十一引《庄子》云："鹊上高城之堍，而巢于高榆之颠，城坏巢折，陵风而起。故君子之居世也，得时则蚁行，失时则鹊起也。"时，时机。⑧填河：也称"填桥"。民间传说，每年七月初七牛郎、织女相会，群鹊衔接为桥以渡银河。⑨长安树如荠：《乐府诗集》卷二七载戴暠《度关山诗》，首云："昔听《陇头吟》，平居已流涕；今上关山望，长安树如荠。"⑩富有春秋：指年纪小，因春秋尚多，故称富。此与高年义正相反。春秋，指年数。

译 文

谈话写文章，援引古代的事物，必须是用自己的眼睛去学来的，而不要相信耳朵所听来的。江南乡里间，有些士大夫不事学问，又羞于被视为鄙陋粗俗，于是就把一些道听途说的东西拿来装饰门面，以显示高雅博学。比如：把徵质呼为周、郑，把霍乱叫作博陆，上荆州一定要说成上陕西，下扬都就说去海郡，谈起吃饭就说是口，提到钱就称之为孔方，问起迁移之处就讲成楚丘，谈论婚姻就说成宴尔，讲到姓王的人没有不称为仲宣的，谈起姓刘的人没有不呼作公幹的。这类"典故"有一两百个，士大夫们前后相承，一个跟着一个学。如果向他们问起这些"典故"的缘由，却没有一个回答得出来；用之于言谈文章，常常是不伦不类。由于庄子有乘时鹊起的说法，因此谢朓的诗中就说："鹊起登吴台。"我有一位表亲，作的一首《七夕》诗又说："今夜吴台鹊，亦共往填河。"《罗浮山记》上说："望平地树如荠。"所以戴暠的诗就说："长安树如荠。"而邺下有一个人的《咏树》诗又说："遥望长安荠。"我还曾经见过有人把矜诞解释为夸毗，称高年为富有春秋，这些都是"耳学"造成的错误。

原文

　　夫文字者，坟籍根本。世之学徒，多不晓字：读《五经》者，是徐邈[1]而非许慎；习赋诵者，信褚诠[2]而忽吕忱；明《史记》者，专徐[3]、邹而废篆籀；学《汉书》者，悦应[4]、苏而略《苍》《雅》。不知书音是其枝叶，小学[5]乃其宗系。至见服虔、张揖[6]音义则贵之，得《通俗》《广雅》[7]而不屑。一手[8]之中，向背如此，况异代各人乎？

注释

　　①徐邈：晋东莞姑幕人。博涉多闻。四十四岁时始官中书舍人。撰《五经音训》，学者宗之。②褚诠：事迹不详。③徐：疑当为南朝宋中散大夫徐野民，其人撰有《史记音义》十二卷。④应：指应劭。⑤小学：汉代称文字学为小学，因儿童入小学先学文字，故名。隋唐以后，范围扩大，成为文字学、训诂学、音韵学的总称。⑥服虔：东汉经学家。初名重，又名祇，字子慎，河南荥阳人。曾任九江太守。信古文经学，撰有《春秋左氏传解谊》。东晋元帝时期，服虔《左传》曾立博士。南北朝时期，北方盛行服《注》。张揖：三国时期魏国清河人。字稚让，曾官博士。所著《埤苍》《古今字诂》已佚，存者有《广雅》。⑦《通俗》：即《通俗文》。服虔撰，一卷。训释经史用字。原书已失传。清任大椿等有辑本。《广雅》：训诂书。三国魏张揖撰。⑧一手：这里指出自一人的手笔。

译文

　　文字，这是书籍的根本。世上求学之人大多没有把字义弄通：通读《五经》的人肯定徐邈而非难许慎；学习赋诵的人信奉褚诠而忽略吕忱；崇尚《史记》的人只对徐野民、邹诞生的《史记音义》这类书感兴趣，却废弃了对篆文字义的钻研；学习《汉书》的人喜欢应邵、苏林的注解而忽略了《三苍》《尔雅》。他们不懂得语音只是文字的枝叶，而字义才是文字的根本。以致有人见了服虔、张揖有关音义的书就十分重视，而得到同是这两人写的《通俗文》《广雅》却不屑一顾。对同出一人之手的著作居然这样厚此薄彼，何况对不同时代不同人的著作呢？

原文

　　夫学者贵能博闻也。郡国[1]山川，官位姓族[2]，衣服饮食，器皿制度[3]，皆欲根寻，得其原本；至于文字，忽不经怀④，己身姓名，或多乖舛，纵得不误，亦未知所由。近世有人为子制名：兄弟皆山傍立字，而有名峙⑤者，兄弟皆手傍立字，而有名机者；兄弟皆水傍立字，而有名凝⑥者。名儒硕学，此例甚多。若有知吾钟之不调，一何可笑。

注 释

①郡国：汉代区划分郡与国。郡直辖于朝廷，国分封于诸王侯。②姓族：姓氏家族。③制度：法令礼俗的总称。④忽：轻视。经怀：留心。⑤峙：颜之推的时代，"峙"字的正规写法应作"峕"，《说文》中亦有峕无峙，颜之推的意思是说从山的"峙"字不规范，不可以命名。⑥凝：宋本以下诸本俱如此作，独抱经堂本改作"鲱"。段玉裁曰："此亦颜时俗字。凝本从阜，俗本从水，故颜谓其不典，今本正文仍作正体，则又失颜意矣。"

译 文

求学的人都以博闻为贵。他们对于郡国山川、官位姓族、衣服饮食、器皿制度都希望追根问底，找出其源头来；但对于文字却漫不经心，自家的姓名也往往出现谬误，即使不出错的，也不知道它的由来。近代有些人为孩子起名字：兄弟几个的名字都用山作偏旁，内中就有取名为峙的；兄弟几个的名字都用手作偏旁，内中就有取名为昧的；兄弟几个的名字都用水作偏旁，内中就有取名为凝的。在那些知名的大学者中，这类例子很多。如果他们知道这与晋平公的乐工听不出钟的乐音不协调是一回事的话，就会感到这是多么可笑。

原 文

吾尝从齐主幸并州①，自井陉关入上艾县②，东数十里，有猎闾村，后百官受马粮在晋阳东百余里亢仇城侧。并不识二所本是何地，博求古今，皆未能晓。及检《字林》《韵集》③，乃知猎闾是旧镢余聚④，亢仇旧是馓飒亭⑤，悉属上艾。时太原王劭⑥欲撰乡邑记注，因此二名闻之，大喜。

注 释

①齐主：指北齐文宣帝高阳。并州：旧州名，治所在晋阳（在今山西太原市）。幸：帝王驾临。②井陉：井陉山，为太行八陉之一。上艾县：属并州。③《字林》：字书。晋，吕忱撰。已佚。《韵集》：韵书。晋，吕静撰。已佚。④䃲（é）馀聚：村落名。位于今山西省平定县境内。⑤馣馟（hàn bì）亭：古亭名。位于今山西省平定县境内。⑥王劭：字君懋，南朝齐太原晋阳人。曾任中书舍人等职。以博物而为时人所称许。

译 文

我曾经跟从北齐文宣帝去到并州，从井陉关进入上艾县，从那里往东几十里，有一个猎间村。后来，百官又在晋阳以东百余里的亢仇城旁接受马粮。大家都不知道上述两个地方原本是哪里，博求古今书籍，都没有弄明白。直到我翻检《字林》《韵集》这两本书，才知道原来猎间就是过去的䃲馀聚，亢仇就是馣馟亭，它们都属于上艾县。当时太原的王劭想撰写乡邑记注，当我把这两个旧地名说给他听时，他非常高兴。

原文

吾初读《庄子》"蛫①二首",《韩非子》②曰："虫有蛫者,一身两口,争食相龁,遂相杀也③。"茫然不识此字何音④,逢人辄问,了无解者。案:《尔雅》诸书,蚕蛹名蛫,又非二首两口贪害之物。后见《古今字诂》,此亦古之虺字,积年凝滞,豁然雾解。

注释

①蛫(huǐ):传说中一身两口的怪物。《一切经音义》四六引《庄子》,作"虺二首",蛫,虺古今字。②《韩非子》:书名。为战国哲学家韩非死后,后人搜集其遗著,并加入他人论述韩非学说的文章编成。③此段引文见《韩非子·说林》下篇。龁:咬。④音:意思。《管子·内业》:"不可呼以声,而可迎以音。"王念孙杂志:"音,即意字也。言不可呼之以声,而但可迎之以意也。"

译文

我开始读到《庄子》中"蛫二首"这一句时,发现《韩非子》上面说:"动物中有叫蛫的,一个身体两张口,为了争夺食物而互相咬龁,终于导致彼此残杀。"我茫茫然不知道这个"蛫"字是什么意思,遇到人就问,却没有一个答得上来的。按:《尔雅》等书上说,蚕蛹名蛫,但蚕蛹又不是那种有两个头两张口贪婪有害的动物。后来见了《古今字诂》,才明白这也就是古代的"虺"字,多年来我积滞在胸中的难题一下子如同大雾一样散开了。

原文

尝游赵州①,见柏人②城北有一小水,土人亦不知名。后读城西门徐整③碑云:"洦流东指。"众皆不识。吾案《说文》④,此字古魄字也,洦,浅水貌。此水汉来本无名矣,直以浅貌目之,或当即以洦为名乎?

注释

①尝游赵州:颜之推于河清末被举为赵州功曹参军。游赵州当在此时。赵州:州名。治所在广阿(位于今河北隆尧东旧城)。②柏人:古县名。治所在今河北隆尧西。

③徐整：字文操，豫章人，仕吴为太常卿。④《说文》：即《说文解字》，为我国第一部系统地分析字形和考究字原的字书。东汉许慎撰。

译 文

　　我曾经游赵州，见到柏人城北面有一条小河，当地人不理解它的名字。后来我读了城西门徐整写的碑文，上面说："洦流东指。"大家都不知道它的意思。我查阅了《说文解字》，这个"洦"字就是古"魄"字，洦，水浅的意思。这条河从汉代以来就没有名字，只是把它当作一条浅浅的河流看待，或许应当就用这个"洦"字给它命名吧？

原 文

　　世中书翰①，多称勿勿，相承如此，不知所由，或有妄言此忽忽之残缺耳。案②：《说文》："勿者，州里所建之旗也，象其柄及三斿之形，所以趣民事。故悤③遽者称为勿勿。"

注 释

　　①书翰：书信。翰，羽毛之长者。因为旧时以羽翰为笔，所以称毛笔曰翰，泛称笔写的书面文字为书翰。②案：通"按"。③《说文解字》此段文字作："勿，州里所建旗，象其柄有三游，杂帛幅半昇，所以趣民，故冗遽称勿勿。"州里，旧时两千五百家为州，二十五家为里。这里泛指乡里。斿：旧时旌旗末端直幅、飘带之类的下垂饰物。《玉篇·斿部》："斿，旌旗之末垂者。或作游。"趣：催，催促。悤：急遽，急速。

译 文

　　世上的书信中多有"勿勿"这个词语，历来延续都是如此，却不知道它的根由，有人乱下结论说这就是"忽忽"的残缺。按：《说文》上说："勿是乡里所树立的旗帜，这个字像旗杆和旗帜末端三条飘带的形状，是用来催促民事的。于是就把匆忙急迫称为勿勿。"

原 文

　　吾在益州①，与数人同坐，初晴日晃，见地上小光，问左右："此是何物？"有一蜀竖就视，答云："是豆逼耳。"相顾愕然，不知所谓。命取将②来，乃小豆也。穷访蜀土，呼粒为逼，时莫之解。吾云：“《三苍》《说文》，此字白下为匕，皆训粒，《通俗文》音方力反。”众皆欢悟。

注释

①益州：州名。②将：助词，无义。

译文

我在益州的时候，和几个人在一起闲坐，天刚放晴，阳光很明亮，我见到地上有些小的光亮点，就问左右的人：“这是什么东西？”有一蜀地的童仆靠近看了看，回答说：“是豆逼。”大家听了，惊讶地互相看着，不知道他说的是什么，我叫他把那东西拿过来，原来是粒小豆。曾经我一一询问过蜀地的人，都把“粒”叫作“逼”，当时没有谁能解释这中间的道理。我就说：“在《三苍》《说文》中，这个字就是‘白’下加‘匕’，都解释为粒，《通俗文》注音作方力反。”大家高兴地领悟了。

原文

愍楚友婿窦如同从河州①来，得一青鸟，驯养爱玩，举俗呼之鹖②。吾曰：“鹖出上党③，数曾见之，色并黄黑，无驳杂也。故陈思王④《鹖赋》云：‘扬玄黄之劲羽。’”试检《说文》：“鴒雀似鹖而青，出羌中。”《韵集》⑤音介。此疑顿释。

注释

①友婿：同门女婿相称。今称连襟。河州：州名。②鹖（hé）：鸟名。又名鹖鸡。③上党：郡名。战国时韩置。北魏时期治所在壶关（位于今山西省长治县东南）。④陈思王：曹植。⑤《韵集》：韵书。

译文

愍楚的连襟窦如同从河州来，他在那边得到一只青色的鸟，把它驯养起来玩赏，所有人都叫这只鸟为鹖。我说：“鹖出在上党，曾经我多次见过，它羽毛全都是黄黑色，

没有杂乱的颜色。因此曹植的《鹖赋》说："鹖举起它那黄黑色的有力的翅膀。"我试着翻检《说文》，上面说："鸴雀像鹖而毛色是青的，出产在羌中。"《韵集》的注音为"介"。顿时这个疑问就解除了。

原 文

梁世有蔡朗者讳纯，既不涉学，遂呼莼为露葵①。面墙②之徒，递相仿效。承圣③中，遣一士大夫聘齐④，齐主客郎⑤李恕问梁使曰："江南有露葵否？"答曰："露葵是莼，水乡所出。卿今食者绿葵菜耳。"李亦学问，但不测彼之深浅，乍闻无以覈究。

注 释

①莼：莼菜，又名水葵。水生植物。春、夏季嫩叶可作蔬菜。露葵：即冬葵。八九月种植，可食。②面墙：比喻不学，如面向墙而一无所见。③承圣：梁元帝年号。④齐：指北齐。⑤主客郎：职官名。属祠部尚书所统。

译 文

梁朝有个叫作蔡朗的人忌讳"纯"字，既然他不事学习，就把莼菜称作露葵。那些不学无术之徒也就一个跟着一个模仿。承圣年间，朝廷派一位士大夫出使齐国，在席间，齐国的主客郎李恕问这位梁朝的使者说："江南有露葵吗？"使者回答说："露葵就是莼菜，那是水泊中生长的。您今天吃的是绿葵菜。"李恕也是有学问的人，只是还不了解对方的深浅，猛一听见这话，也就没有办法去核实推究了。

原 文

思鲁等姨夫彭城刘灵，尝与吾坐，诸子侍焉。吾问儒行、敏行①曰："凡字与谘议名同音者，其数多少，能尽识乎？"答曰："未之究也，请导示之。"吾曰："凡如此例，不预研检，忽见不识，误以问人，反为无赖所欺，不容易②也。"因为说之，得五十许字。诸刘③叹曰："不意乃尔！"若遂不知，亦为异事。

注 释

①儒行、敏行：二人均为刘灵子，亦即之推侄。②容易：此处是不在乎的意思。③诸刘：指刘灵的儿子们。

译 文

曾经，思鲁等人的姨夫彭城的刘灵和我同坐闲谈，他的几个孩子在旁边陪伴。我问儒行、敏行说："凡是与你们父亲名字同音的字，它的数目是多少，你们都能认识吗？"他们回答说："没有探究过这个问题，请您指教提示一下。"我说："凡是像这一类的字，如果平时不预先研究翻检，忽然见到又不认识，拿去问错了人，反而会被无赖所欺骗，可不能满不在乎啊。"于是我就给他们解说这个问题，一共说出了五十多个字。刘灵的几个孩子感叹道："想不到会有这样多！"如果他们一点不了解，那也确实是怪事。

原 文

校定书籍，亦何容易，自扬雄、刘向①，方称此职耳。观天下书未遍，不得妄下雌黄②。或彼以为非，此以为是；或本同末异；或两文皆欠，不可偏信一隅也。

注 释

①扬雄：西汉文学家、哲学家、语言学家。字子云，蜀郡成都（今属四川）人。王莽时曾校书天禄阁上。刘向：西汉经学家、目录学家、文学家。字子政，沛（今江苏沛县）人。曾校阅群书，撰成别录，为我国目录学之祖。②雌黄：矿物名。橙黄色，可制颜料。古人以黄纸书字，有误，则以雌黄涂之。因称改易文字为雌黄。

译 文

考核订正书籍是一件很不容易的事，从扬雄、刘向开始，他们才可谓是胜任这项工作了。天下的书籍没有看遍，就不能任意改动书籍上的文字。书籍上的文字，有时那个本子认为是错误的，这个本子又认为是正确的；有时开头的本子是相同的，后来的本子却又出现分歧；有时两个本子的同一处文字都不够妥当，不可以偏信一个方面。

精彩点拨

《勉学》是全书中非常重要的一篇，以其极为丰富的内容，语重心长地讲述了"人生在世，会当有业"的道理。同时，作者对当时的士族子弟不务学业，自身没有能力，仅仅凭借门第而猎取高位的现状进行了猛烈抨击。颜之推指出两朝贵族子弟养尊处优、不学无术，"射不能穿札，笔则才记姓名"，当朝代更替时，他们便颠沛流离，窘迫度日。他鼓励子弟要学会一技之长："积财千万，不如薄技在身。"本篇还讽刺了"博士买驴，书券三纸，未有驴字"的迂腐之徒，提倡要重视"眼学"，而勿信"耳学"；反对"空守章句，但诵师言，施之世务，殆无一可"的空疏学风。

文章前半部分运用大量典型事例、比喻手法，论证了勤学之必要；后半部分以其学问解决实际问题。该篇立足大局，夯实到细节，给后人留下了一面可供借鉴的镜子。

阅读积累

庄子

庄子（约公元前369年—约公元前286年），名周，战国时期宋国蒙人。战国中期思想家、哲学家、文学家，庄学的创立者，道家学派代表人物，与老子并称"老庄"。庄子因崇尚自由而不应楚威王之聘，仅担任过宋国地方的漆园吏，史称"漆园傲吏"，被誉为地方官吏之楷模。他最早提出的"内圣外王"思想对儒家影响深远。他洞悉易理，指出《易》以道阴阳"，其"三籁"思想与《易经》三才之道相合。其文想象丰富奇特，语言运用自如，灵活多变，能把微妙难言的哲理说得引人入胜，被称为"文学的哲学，哲学的文学"。其作品收录于《庄子》一书，代表作有《逍遥游》《齐物论》《养生主》等。据传庄子尝隐居南华山，卒葬南华山，故唐玄宗天宝初，被诏封为南华真人，《庄子》一书被奉为《南华真经》。

文章第九

精彩导读

  在本篇中，作者提出了文章的源头是《五经》的观点，并认为各类文章都有自己的用途。但是，在写文章的时候不能恃强傲物，否则就会因此而招致败损。同时要求子孙们要继承家风，把文章写得典雅而又正体，不要盲从社会上的不正之风。那么，作者是如何以理服人的呢？他的观点对今人有哪些可取之处呢？让我们认真细致地来品读全文吧！

  夫文章者，原出《五经》：诏命策①檄，生于《书》者也；序述论议②，生于《易》者也；歌咏赋颂③，生于《诗》者也；祭祀哀诔④，生于《礼》者也；书奏箴⑤铭，生于《春秋》者也。朝廷宪章，军旅誓诰，敷⑥显仁义，发明功德，牧民建国，施用多途。至于陶冶性灵，从容讽谏，入其滋味，亦乐事也。行有余力，则可习之。然而自古文人，多陷轻薄：屈原露才扬己，显暴君过；宋玉体貌容冶，见遇俳优⑦；东方曼倩，滑稽不雅；司马长卿，窃赀无操；王褒过章《僮约》；扬雄德败《美新》；李陵降辱夷虏；刘歆反复莽世；傅毅党附权门；班固盗窃父史；赵元叔抗竦过度；冯敬通浮华摈压；马季长佞媚获诮；蔡伯喈同恶受诛；吴质诋忤⑧乡里；曹植悖慢犯法；杜笃乞假无厌；路粹隘狭已甚；陈琳实号粗疏；繁钦性无检格；刘桢屈强输作；王粲率躁见嫌；孔融、祢衡，诞傲致殒；杨修、丁廙，扇动取毙；阮籍无礼败俗；嵇康凌物凶终；傅玄忿斗免官；孙楚矜夸凌上；陆机犯顺履险；潘岳干没取危；颜延年负气摧黜；谢灵运空疏⑨乱纪；王元长凶贼自诒；谢玄晖侮慢见及。凡此诸人，皆其翘秀者，不能悉纪，大较如此。至于帝王，亦或未免。自昔天子而有才华者，唯汉武、魏太祖、文帝、明帝、宋孝武帝，皆负世议，非懿德之君也。自子游、子夏、荀况、孟轲、枚乘、贾谊、苏武、张衡、左思之俦，有盛名而免过患者，时复闻之，但其损败居多耳。每尝思之，原其所积，文章之体，标举兴会，发引性灵，使人矜伐，故忽于持操，果于进取。今世文士，此患弥切，一事惬当，一句清巧，神厉九霄，志凌千载，自吟自赏，不觉更有傍人。加以砂砾所伤⑩，惨于矛戟；讽刺之祸，

速乎风尘，深宜防虑，以保元吉。

注 释

①诏、命、策：三种文体。皇帝颁发的命令文诰。②序、述、论、议：四种文体。前两种主要是记叙，后两种主要是议论。③赋、颂：两种文体。赋讲究对偶和用典，韵文和散文交错使用；颂主要用于歌颂，内容上多是赞美、歌颂，写法上多用铺叙。④哀、诔（lěi）：古代文体。哀悼死者，记述死者生平的文章。⑤箴：古代文体。用于告诫和规劝人的文章。⑥敷：陈述。⑦俳优：古代以歌舞谐戏为业的艺人。⑧诋忤（dǐ wǔ）：冒犯。诋，通"抵"。⑨空疏：没有真实的本领。⑩砂砾所伤：比喻细小的伤害。

译 文

文章都来自《五经》：诏、命、策、檄，是从《书》中产生的；序、述、论、议是从《易》中产生的；歌、咏、赋、颂是从《诗》中产生的；祭、祀、哀、诔是从《礼》中产生的；书、奏、箴、铭是从《春秋》中产生的。朝廷中的典章制度，军队里的誓、诰之词，传布显扬仁义，阐发彰明功德，统治人民，建设国家，这文章的用途是各种各样的。至于以文章陶冶情操，或对旁人婉言劝谏，进入那种异样的审美感受也是一件快乐的事。在奉行忠孝仁义尚有过剩精力的情况下，也可以学学写这类文章。但是从古至今，文人多陷于轻薄：屈原表露才华，自我宣扬，显现暴露国君的过失；宋玉相貌艳丽，被当作俳优对待；东方朔言行滑稽，缺乏雅致；司马相如攫取卓王孙的钱财，不讲究节操；王褒私入寡妇之门，在《僮约》一文中自我暴露；扬雄作《剧秦美新》歌颂王莽，其品德因此遭到损害；李陵向外族俯首投降；刘歆在王莽的新朝反复无常；傅毅投靠依附权贵；班固剽窃他父亲的《史记后传》；赵壹为人过分骄傲；冯衍因秉性浮华而屡遭压抑；马融谄媚权贵遭致讥讽；蔡邕与恶人同遭惩罚；吴质在乡里仗势横行；曹植傲慢不羁，触犯刑法；杜笃向人索借，不知满足；路粹心胸过分狭隘；陈琳确实粗枝大叶；繁钦不知检点约束；刘桢性情倔犟，被罚做苦工；王粲轻率急躁，遭人嫌弃；孔融、祢衡放诞倨傲，导致杀身之祸；杨修、丁廙鼓动曹操立曹植为太子，反而自取灭亡；阮籍蔑视礼教，伤风败俗；嵇康盛气凌人，不得善终；傅玄负气争斗，被罢免官职；孙楚恃才自负，冒犯上司；陆机违反正道，自走绝路；潘岳唯利是图，不知进退，以致遭到伤害；颜延年意气用事，遭到废黜；谢灵运空放粗略，扰乱朝纪；王融凶恶残忍，咎由自取；谢朓对人轻忽傲慢，遭到陷害。以上这些人都是文人中出类拔萃之辈，不能一一全都记载下来，大致就是这样吧。至于帝王，有时也难幸免。过去身为天子而有才华的，只有汉武帝、魏太祖、魏文帝、魏明帝、宋孝武帝等数人，他们都受到世人的议论，并不是具有美德的君主。子游、子夏、荀况、孟轲、枚乘、贾谊、苏武、张衡、左思这类人有盛名而又能避免过失的，不时也可听到，但他们中间遭受祸患的还是占有大多数。我经常思考这个问题，推究其中所蕴含的道理，文章的本质，就是揭示兴味，抒发性情，容易使人恃才自夸，因而忽视操守，却勇于进取。对于现代的文人，这个毛病愈加深切，他们若是一个典故用得快意妥当，一句诗文写得清新奇巧，就神采飞扬直达九霄，心潮澎湃雄视千载，独自吟诵独自叹赏，不觉世上还有旁人。更加上言辞所造成的伤害，比矛、戟等武器犹为惨酷，讽刺带来的灾祸比狂风闪电还要迅速，你们应该特别加以防备，以保大福。

原文

学问有利钝，文章有巧拙。钝学累功，不妨精熟；拙文研思，终归蚩鄙。但成学士，自足为人。必乏天才，勿强操笔。吾见世人，至无才思，自谓清华，流布丑拙，亦以众矣，江南号为诊痴符①。近在并州，有一士族，好为可笑诗赋，诮擎②邢、魏诸公③，众共嘲弄，虚相赞说，便击牛酾酒，招延声誉。其妻，明鉴妇人也，泣而谏之。此人叹曰：

"才华不为妻子所容，何况行路！"至死不觉。自见之谓明，此诚难也。

注 释

①诖（líng）痴符：旧时方言，指没有才学而好夸耀的人。②诮擎（diào piē）：嘲弄，戏弄。③邢、魏诸公：指邢邵、魏收等人。

译 文

做学问有敏捷与迟钝的差别，写文章有精巧与拙劣的差别。学问迟钝的人不断努力，能够达到精通熟练；文章拙劣的人尽管反复钻研思考，但其文章还是难免粗野鄙陋。只要能成为有学之士，也就足以在世上为人了。如的确是缺乏写作天分，就不要勉强去握笔杆子。我看世上某些人没有一点才思，却自称他的文章清丽华美，把他那些丑陋拙劣的文章到处传布，这种人也太多了，江南一带将这种人称为诖痴符。最近在并州有一位士族，喜欢写一些可笑的诗赋，与邢邵、魏收诸公开玩笑，大家共同来嘲弄这位士族，假意赞美他的诗赋，这位士族信以为真，就杀牛筛酒，请客招延声誉。他的妻子是一位明白事理的人，哭着劝他不要这样做。这位士族叹息说："我的才华不被妻子所认可，何况陌生人呢！"他至死也没有觉悟。自己能了解自己才可算得上聪明，这确实不容易啊。

原 文

学为文章，先谋亲友，得其评裁，知可施行，然后出手；慎勿师心①自任，取笑旁人也。自古执笔为文者，何可胜言。然至于宏丽精华，不过数十篇耳。但使不失体裁②，辞意可观，便称才士；要须动俗盖世，亦俟河之清乎！

注 释

①师心：以己意以师，即自以为是。②体裁：此处指文章的结构剪裁。

译 文

学习写文章，应该先找亲友征求一下意见，经过他们的批评鉴别，知道可以在社会上传播了，然后才可脱稿；注意不要由着性子自作主张，以免被人耻笑。自古以来，执笔写文章的人哪里说得完，但能够达到宏丽精美这种地步的也就不过几十篇而已。只要写出的文章不脱离它应有的结构规范，词意可观，就可谓是才士了。一定要使自己的文章做到惊动众人，气盖当世，怕也只有等黄河的水变清才有可能吧！

原文

不屈二姓，夷、齐①之节也；何事非君，伊、箕②之义也。自春秋已来，家③有奔亡，国有吞灭，君臣固无常分矣；然而君子之交绝无恶声，一旦屈膝而事人，岂以存亡而改虑？陈孔璋④居袁裁书，则呼操为豺狼；在魏制檄，则目绍为蛇虺⑤。在时君所命，不得自专，然亦文人之巨患也，当务从容消息⑥之。

注释

①夷、齐：伯夷、叔齐，为商朝孤竹君的两个儿子。②伊：伊尹，商朝大臣。被尊为阿衡（宰相）。箕：指箕子，为商纣王诸父。③家：此处指古代卿大夫及其家族。④陈孔璋：即陈琳，字孔璋。汉末文学家。建安七子之一。⑤蛇虺（huǐ）：蛇、虺皆为蛇类。此喻凶残狠毒之人。⑥消息：此处是斟酌的意思。

译文

不屈身两个王朝，这是伯夷、叔齐的气节；对任何君主都可侍奉，这是伊尹、箕子的道理。自春秋以来，士大夫家族流亡奔窜，邦国被吞并灭亡，国君与臣子本来就没有固定的名分了。然而君子之间交情断绝，相互不出辱骂之声，一旦屈膝侍奉于人，怎么可以因为他的存亡而改变初衷呢？陈孔璋在袁绍手下撰文，就把曹操称为豺狼；在魏国那里草檄，就把袁绍看作蛇蝎。因为这是受当时君主之命，自己不能做主，但这也算是名人的大毛病了，应该从容地斟酌一下。

原文

齐世有席毗者，清干之士，官至行台①尚书。嗤鄙文学，嘲刘逖云："君辈辞藻，譬若荣华，须臾之玩，非宏才也；岂比吾徒千丈松树，常有风霜，不可凋悴矣！"刘应之曰："既有寒木，又发春华，何如也？"席笑曰："可哉！"

注 释

①行台：东汉以后，中央政务由三公改归台阁（尚书），在习惯上遂以中央政府为台。东晋以后，中央官称台官，中央军称台军。因此，在大行政区代表中央的机构即称行台。多由军事关系临时设置。

译 文

齐朝有个叫作席毗的人，是位清明干练之士，官做到行台尚书。他讥笑鄙视文学，嘲讽刘逖说："你辈的辞藻好比那荣华，只能供片刻观赏，并不是栋梁之才，哪里能够比得上我辈这样的千丈松树，尽管经常有风霜侵袭，但也不会凋零憔悴呀！"刘逖回答他说："既是耐寒的树木，又能开放春花，如何样呢？"席毗笑着说："那敢情好啦！"

原 文

凡为文章，犹人乘骐骥①，虽有逸气②，当以衔勒③制之，勿使流乱轨躅④，放意填坑岸也。

注 释

①骐骥（qí jì）：良马。②逸气：俊逸之气。③衔勒：衔和勒。衔是横在马口中备抽勒的铁，勒是套在马头上带嚼口的笼头。这里比喻文贵有节制，好比马须用衔勒一样。④轨躅（zhú）：轨迹。

译 文

凡是写文章，就好比人乘良马一样，虽然良马很有俊逸之气，但应该用衔和勒来控制它，不要让它错乱轨迹，肆意而行以致落到以身体填充沟壑的地步。

原 文

文章当以理致①为心肾，气调为筋骨，事义②为皮肤，华丽为冠冕③。今世相承，趋本弃末④，率多浮艳。辞与理竞，辞胜而理伏；事与才争，事繁而才损。放逸者流宕而忘归，穿凿者补缀而不足。时俗如此，安能独违？但务去泰去甚耳⑤。必有盛才重誉，改革体裁者，实吾所希。

注 释

①理致：作品的思想感情。②事义：作品所运用的典实，即下文所说的用事。③冠冕：此处指服饰。④末：指华丽。⑤但务去泰去甚耳：《老子》上篇二十九章："是以圣人去甚，去奢，去泰。"这里是不要过分之意。

译 文

文章应该做到以义理情致为心肾，以气韵才调为筋骨，以运用的典实为皮肤，以华丽词句为服饰。现在的人继承前人的写作传统，都是趋向枝节，丢弃根本，所写文章大都存有轻浮华艳，文辞与义理相互比较，则文辞优美而义理薄弱；内容与才华相互争胜，则内容繁杂而才华亏损。那放纵不羁者的文章，流利酣畅却偏离了文章的意旨，那深究琢磨者的文章，材料堆砌却文采不足。现在的风气就是这样，你们怎么能够独自避免呢？你们只要做到所写文章不过分，不走极端也就可以了。如果能有才华优异、声誉隆重的人来改革文章的体制，实在是我所希望的。

原 文

古人之文，宏材逸气，体度风格，去今实远；但缉缀疏朴，未为密致耳。今世音律谐靡，章句偶对，讳避精详，贤于往昔多矣。宜以古之制裁为本，今之辞调为末，并须两存，不可偏弃也。

译 文

古人的文章才华横溢，气势超迈，其体态风格与现在相去甚远。只是它遣词造句简略质朴，不够严密细致而已。现在的文章音律和谐靡丽，语句配偶对称，避讳精确详尽，这些方面比过去强得多了。应该以古人文章的体制构架为根本，以今人文章的词句音调为枝叶，两者应该并存，不可偏废。

原文

沈隐侯①曰："文章当从三易：易见事，一也；易识字，二也；易读诵，三也。"邢子才②常曰："沈侯文章，用事不使人觉，若胸臆语也。"深以此服之。祖孝徵亦尝谓吾曰："沈诗云：'崖倾护石髓。③'此岂似用事邪？"

注释

①沈隐侯：即沈约，南朝梁文学家。字休文，吴兴武康人。②邢子才：即邢邵，字子才。③石髓：石钟乳。

译文

沈隐侯说："文章应当遵从'三易'的原则：容易了解典故，这是第一点；容易认识文字，这是第二点；容易诵读，这是第三点。"邢子才经常说："沈约的文章，用典不让人感觉出来，就像发自内心的话。"我因此而深深地佩服他。祖孝徵也曾经对我说："沈约的诗说：'崖倾护石髓'，难道这像在用典吗？"

原文

邢子才、魏收俱有重名，时俗准的，以为师匠。邢赏服沈约而轻任昉①，魏爱慕任昉而毁沈约，每于谈宴，辞色以之。邺下纷纭，各有朋党。祖孝徵尝谓吾曰："任、沈之是非，乃邢、魏之优劣也。"

注释

①任昉：南朝梁文学家。字彦升，乐安博昌人。当时以表、奏、书、启诸体散文擅名。

译文

邢子才、魏收两个人都有盛名，一般人都把他们看作标准，当作宗师。邢子才赞赏佩服沈约而轻视任昉，魏收喜爱羡慕任昉而诋毁沈约，每次二人在一起谈天喝酒时，都争得面红耳赤。邺下人物盛多，二人各有自己的朋党。曾经祖孝徵对我说："任昉、沈约二人的是非实际上就表示着邢子才、魏收二人的优劣。"

《吴均①集》有《破镜赋》。昔者，邑号朝歌，颜渊②不舍；里名胜母，曾子③敛襟：盖忌夫恶名之伤实出。破镜乃凶逆之兽，事见《汉书》，为文幸避此名也。比世往往见有和人诗者，题云敬同，《孝经》云："资于世父以事君而敬同。"不可轻言也。梁世费旭④诗云："不知是耶非。"殷沄诗云："飘飏云母舟⑤。"简文曰："旭既不识其父，沄又飘飏其母。"此虽悉古事，不可用也。世人或有文章引《诗》："伐鼓渊渊"者，《宋书》已有屡游之诮；如此流比⑥，幸须避之。北面事亲，别舅摛《渭阳》之咏；堂上养老，送兄赋桓山之悲，皆大失也。举此一隅，触涂宜慎。

注释

①吴均：南朝梁文学家。字叔庠，吴兴故鄣人。以小品书札见长，时人称其为"吴均体"。②颜渊：春秋末期鲁国人。名回，字子渊。孔子学生。其德行为孔子所称赞。③曾子：春秋末期鲁国人。名参，字子舆。孔子学生。以孝著称。④费旭：王利器谓当作费昶。⑤云母舟：以云母装饰之舟。⑥流比：同类比照类推。

译文

《吴均集》中有《破镜赋》一文。先前，有座城邑名叫朝歌，颜渊因为这一名称而不在那里停留；有条里弄称为胜母，曾子到此赶紧整饬衣襟以示恭敬：他们大约是忌讳这些不好的名称损伤了事物的内涵吧。破镜是一种凶恶的野兽，它的典故见于《汉书》，希望你们写文章时能避开这个名字。近代时常看见有奉和别人诗歌的人，在和诗的题目中写上"敬同"二字，《孝经》上说："资于世父以事君而敬同。"可见这两个字是不可以随便说的。梁朝费旭的诗说："不知是耶非。"殷沄的诗说："飘飏云母舟。"简文帝讥讽他俩说："费旭既不认识他的父亲，殷沄又让他的母亲四处飘荡。"虽然这些都是旧事，但也不能够随便引用。有的人在文章中引用《诗经》中"伐鼓渊渊"的诗句，《宋书》对这类引用词语的人已有所讥讽，以此类推，希望你们也务必要避免使用这类词语。有人尚在侍奉母亲，与舅舅分别时却吟唱《渭阳》这种思念亡母的诗歌；有人父亲尚健在，在送别兄长时却引用《桓山之鸟》这种表现父亡卖子的悲痛典故，这些都是大大的过失。举以

上部分例子，你们就应该处处事事慎重对待了。

原文

挽歌辞者，或云古者《虞殡》①之歌，或云出自田横②之客，皆为生者悼往告哀之意。陆平原③多为死人自叹之言，诗格既无此例，又乖制作本意。

注释

①《虞殡》：挽歌名。②田横：秦末狄县人。本齐国贵族。在楚汉战争中自立为齐王，后为汉军所破。③陆平原：即陆机，曾任平原内史。

译文

挽歌辞，有人说是旧时的《虞殡》之歌，有人说出自田横的门客，都是活着的人用来追悼死者表达哀痛意思的。陆机写的《挽歌诗》大多是死者自叹之言，诗的体例中既没有这样的例子，又违背了作诗的本意。

原文

凡诗人之作，刺箴美颂，各有源流，未尝混杂，善恶同篇也。陆机为《齐讴篇》①，前叙山川物产风教之盛，后章忽鄙山川之情，殊失厥体。其为《吴趋行》②，何不陈子光③、夫差④乎？《京洛行》，胡不述赧王⑤、灵帝⑥乎？

注释

①《齐讴篇》：即《齐讴行》，乐府杂曲歌辞名。见《乐府诗集》卷六十四。②《吴趋行》：吴地歌曲名。陆机所作《吴趋行》篇。③子光：即春秋时期吴王阖庐。他以专诸刺杀吴王僚而自立。又用楚亡臣伍子胥，屡败楚兵。后在与越王勾践的战争中兵败负伤而死。④夫差：阖庐之子。⑤赧王：即周赧王。为周朝的亡国之君。⑥灵帝：即汉灵帝刘宏。在位期间，宦官专政，党锢之祸复起。终于招致黄巾起义的爆发。

译文

凡诗人的作品，指责的、规谏的、赞美的、歌颂的，各有其源流，不会混杂，使善和恶同时出现在一篇之中。陆机作《齐讴行》，前面部分叙述山川、物产、风俗、教化的兴盛，后面部分突然轻视山川之情，这太背离此诗的风格了。他写《吴趋行》，为什么又不陈述阖庐、夫差的事呢？他写《京洛行》，为什么又不陈述周赧王、汉灵帝的事呢？

原文

自古宏才博学，用事误者有矣；百家杂说，或有不同，书傥湮灭，后人不见，故未敢轻议之。今指知决纰缪者，略举一两端以为诫。《诗》云："有鹭雉鸣。"又曰："雉鸣求其牡①。"毛《传》②亦曰："唫鹭，雌雉声。"又云："雉之朝雊，尚求其雌。"郑玄③注《月令》亦云："雊，雄雉鸣④。"潘岳赋曰："雉鹭鹭以朝雊。"是则混杂其雄雌矣。《诗》云："孔怀⑤兄弟。"孔，甚也；怀，思也，言甚可思也。陆机《与长沙顾母书》，述从祖弟士璜死，乃言："痛心拔脑，有如孔怀。"心既痛矣，即为甚思，何故方言有如也？观其此意，当谓亲兄弟为孔怀。《诗》云："父母孔迩⑥。"而呼二亲为孔迩，于义通乎？《异物志》云："拥剑状如蟹，但一螯偏大尔。"何逊⑦诗云："跃鱼如拥剑。"是不分鱼蟹也。《汉书》："御史府中列柏树，常有野鸟数千，栖宿其上，晨去暮来，号朝夕鸟。"而文士往往误作乌鸢用之。《抱朴子》说项曼都诈称得仙，自云："仙人以流霞一杯与我饮之，辄不饥渴。"而简文诗云："霞流抱朴碗。"亦犹郭象以惠施之辨为庄周言也。《后汉书》："囚司徒崔烈以银铛锁⑧。"银铛，大锁也；世间多误作金银字。武烈太子⑨亦是数千卷学士，尝作诗云："银锁三公脚，刀撞仆射头。"为俗所误。

注释

①鹭（yǎo）：雌野鸡的叫声。牡：雄性。此处指雄野鸡。②毛《传》：《毛诗古训传》的简称。③郑玄：东汉经学家。字康成，北海高密人。其注经以古文经说为主，兼采今文经说，为汉代经学的集大成者。④雄雉鸣：赵曦行曰："郑注《月令》，今本无'雄'字，而云：'雊，雉鸣也。'《说文》亦云：'雊，雄雉鸣。'疑颜氏所见古本有'雄'字，而今本脱之欤？"⑤孔怀：本为极其思念之意。后指兄弟。⑥迩：近。⑦何逊：南朝梁诗人。字仲言，东海郯人。⑧鏁（suǒ）：通"锁"。⑨武烈太子：姓萧，名方等，字实相。梁元帝长子。

译 文

从古至今，那些宏才博学而引用典故发生错误的人是有的；诸子百家杂说，或许意见不尽相同，倘若那些书籍已经湮灭，则后人就不能见到，因此我也不敢随便谈论它们。现在我且说说那已经肯定是绝对错谬的事例，略举一两例让你们引以为戒。《诗经》上说："有鹝雉鸣。"又说："雉鸣求其牡。"《毛诗古训传》也说："喈鹝，雌雉声。"《诗经》上又说："雉之朝雊，尚求其雌。"郑玄所注解的《月令》也说："雊，雄雉鸣。"潘岳的赋却说："雉鹝鹝以朝雊。"这就混淆雌、雄二者的差别了。《诗经》上说："孔怀兄弟。"孔，很的意思；怀，思念的意思，孔怀，意思是十分想念。陆机《与长沙顾母书》，叙述从祖弟士璜之死，却说："痛心拔脑，有如孔怀。"既然心里感到伤痛，就表示甚为思念，为什么还要说"有如"呢？看他这句话的意思应该是说亲兄弟就是"孔怀"。《诗经》说："父母孔迩"，如果按照上面的用法，把父母亲叫作"孔迩"，那么意思上说得通吗？《异物志》上说："拥剑状如蟹，但一螯偏大尔。"何逊的诗说："跃鱼如拥剑。"这是没有分辨鱼和螃蟹的区别。《汉书》上说："御史府中列柏树，常有野乌数千，栖宿其上，晨去暮来，号朝夕乌。"而文人们往往将"乌"误作为乌鸢的"乌"。《抱朴子》说项曼都诈称遇见了仙人，自言："仙人以流霞一杯与我饮之，辄不饥渴。"而梁简文帝的诗说："霞流抱朴碗。"就好像郭象把庄周辩说惠施的话当成庄周的话了。《后汉书》说："囚司徒崔烈以锒铛锁。"锒铛，指铁锁链，世上的人大多把"锒"字误写作金银的"银"字。武烈太子也是饱读数千卷书的学者了，他曾经作诗说："银锁三公脚，刀撞仆射头。"这就是被世俗的写法贻误了。

原 文

文章地理，必须惬当。梁简文《雁门①太守行》乃云："鹅军攻日逐②，燕骑荡康居③，大宛④归善马，小月⑤送降书。"萧子晖《陇⑥头水》云："天寒陇水急，散漫俱分泻，北注祖黄龙⑦，东流会白马⑧。"此亦明珠之颣⑨，美玉之瑕，宜慎之。

注 释

①雁门：郡名。战国赵地，秦置郡。位于今山西北部。②日逐：匈奴王号，地位低于左贤王。③康居：旧时西域城国名。东临乌孙、大宛，南接大月氏、安息，西与奄蔡交界。④大宛：古西域三十六城国之一。北通康居，西南邻大月氏。盛产名马。⑤小月：小

月氏。旧时西域国名。⑥陇：陇山。六盘山南段的别称。又名陇坻、陇坂。位于今陕西陇县至甘肃平凉一带。⑦黄龙：黄龙城。又名龙城、和龙城、龙都。旧地在辽宁朝阳。⑧白马：赵曦明谓指汉代西南夷之白马氐。⑨颣（lèi）：原指丝上的疙瘩。引申为毛病、缺点。

译 文

诗文中涉及有关地理的内容一定要恰当。梁简文帝的《雁门太守行》却说："鹅军攻日逐，燕骑荡康居，大宛归善马，小月送降书。"萧子晖的《陇头水》说："天寒陇水急，散漫俱分泻，北注徂黄龙，东流会白马。"这些地方也可算是明珠中的毛病、美玉中的瑕疵，这些地方就一定要慎重对待。

原 文

王籍①《入若耶溪》诗云："蝉噪林逾静，鸟鸣山更幽。"江南以为文外断绝，物无异议。简文吟咏，不能忘之，孝元讽味，以为不可复得，至《怀旧志》载于《籍传》。范阳卢询祖②，邺下才俊，乃言："此不成语，何事于能？"魏收亦然其论。《诗》云："萧萧马鸣，悠悠旆旌。"《毛传》曰："言不諠哗也。"吾每叹此解有情致，籍诗生于此耳。

注 释

①王籍：字文海，琅邪临沂人。②卢询祖：北齐人。袭祖爵大夏男。有术学，文章华美。

译 文

王籍的《入若耶溪》诗说："蝉噪林逾静，鸟鸣山更幽。"江南文人认为此二句在诗句中无与伦比，无人可以对此持有异议。梁简方帝咏吟这两句诗后，就不能忘掉它了；梁孝元帝讽读玩味之后，也认为再没有人能够写得出来类似的，以致在《怀旧志》中把它记载在《王籍传》中。范阳人卢询祖是邺下才俊之士，却说："这两句诗不像样子，为什么认为他有才能呢？"魏收也赞同他的意见。《诗经》说："萧萧马鸣，悠悠旆旌。"《毛诗古训传》说："意思是安静而不嘈杂。"我时常赞叹这个解释有情致，王籍的诗句

就是由此产生的。

原 文

何逊①诗实为清巧，多形似②之言；扬都③论者，恨其每病苦辛，饶贫寒气，不及刘孝绰④之雍容也。虽然，刘甚忌之，平生诵何诗，常云："'蘧车⑤响北阙'，恓恓不道车。"又撰《诗苑》，止取何两篇，时人讥其不广。刘孝绰当时既有重名，无所与让；唯服谢朓，常以谢诗置几案间，动静辄讽味。简文爱陶渊明⑥文，亦复如此。江南语曰："梁有三何，子朗最多。"三何者，逊及思澄⑦、子朗也。子朗信饶清巧。思澄游庐山，每有佳篇，亦为冠绝。

注 释

①何逊：南朝梁诗人。字仲言，东海郯人。任安城王参军事，兼尚书水部郎，后为庐陵王记室。其诗长于写景及炼字，为杜甫所推重。②形似：此处是形象的意思，指描绘或表达具体生动。③扬都：即建业，旧时县名。治所位于今南京市。④刘孝绰：南朝梁文学家。原名冉，小字阿士。彭城人。曾任秘书丞等职。能诗文。⑤蘧（qú）车：抱经堂本作"蘧居"，王利器据孙祖志说校改。⑥陶渊明：东晋文学家、诗人。一名潜，字元亮，私谥靖节。⑦何思澄：南明梁人。字元静。少勤学，工文辞，早有才思，工清言。

译 文

何逊的诗歌的确清新奇巧，其中有颇多生动形象的语句；建业邺下那些论诗者却不满他的诗，认为其往往有苦辛之病，多贫寒之气，不及刘孝绰诗歌的雍容华贵。虽然这样，刘孝绰仍然很忌讳何逊的诗，平时诵读何逊的诗，经常讥讽地说："'蘧居响北阙'，恓恓不道车。"他又撰写了《诗苑》一书，只选取了何逊的两篇，当时人们都非难他收得太少。当时刘孝绰已经有大名，没有什么谦让可言，只是佩服谢朓，经常把谢朓的诗放在几案上，起居作息之时，就拿来讽诵玩味。简文帝喜欢陶渊明的诗文，也和刘孝绰的做法一样。江南俗语说："梁朝有三何，子朗诗最好。"三何，指何逊、何思澄及何子朗。何子朗的诗歌确实多清新奇巧之句。何思澄游览庐山时，经常有佳作产生，这在当时也是超群绝伦的。

精彩点拨

　　本文讲述了各式文体的起源，并且评论了一些古代著名文人如屈原、宋玉等。颜之推认为，好的文章应以"理致为心肾，气调为筋骨，事义为皮肤，华丽为冠冕"。他针对当时文人片面追求华丽辞藻的情况，指出应先注重文章体制大义，然后兼顾辞藻的修饰。他十分欣赏沈约文章的"三易"：易见事、易识字、易读诵。在为文和德行方面，他看重的是文人德行，并指出一些有悖常理的文人行为，以此告诫子孙要"深宜防虑，以保元洁"。作者认为，屈原之死是因为他"露才扬己，显暴君过"。例举屈原、杨修事例告诫子孙：恃才傲物可纵一时之意，却容易为人生埋下悲剧的种子。颜之推认为"制裁"与"辞调"应并存，不可偏废。同样，当今世界事事要求一石二鸟，以体现其价值。我们工作犹如写文章，必须不断增值，这样才能保值。

阅读积累

贾谊

　　贾谊（公元前200年—公元前168年），汉族，洛阳（今河南省洛阳市）人，西汉初年著名政论家、文学家，世称贾生。贾谊少有才名，十八岁时，以善文而为郡人所称。贾谊著作主要有散文和辞赋两类。散文的主要文学成就是政论文，评论时政，风格朴实峻拔，议论酣畅，鲁迅称之为"西汉鸿文"。代表作有《过秦论》《论积贮疏》《陈政事疏》等。其辞赋皆为骚体，形式趋于散体化，是汉赋发展的先声，其中以《吊屈原赋》《鹏鸟赋》最为著名。

名实第十

精彩导读

　　《名实》篇主要讲的是名不副实的问题。颜之推在这里讨论的是现实生活中一些问题。他认为好的名声是由自己的"德艺周厚""修身慎行"而得来的，这是名副其实的好；而那些沽名钓誉者以不正当手段获取的虚名是名不副实的，而且虚假的东西终归要败露的。你对颜之推的这些观点持什么态度呢？让我们先来阅读吧！

原　文

　　名之与实①，犹形之与影②也。德艺周厚，则名必善焉；容色姝丽，则影必美焉。今不修身而求令名于世者，犹貌甚恶而责妍影于镜也。上士忘名，中士立名，下士窃名。忘名者，体道③合德，享鬼神之福佑，非所以求名也；立名者，修身慎行，惧荣观之不显，非所以让名也；窃名者，厚貌深奸，干浮华之虚称，非所以得名也。

注　释

　　①名：名声。实：实质，实际。②影：指从镜子等反射物中反映出来的物体形象。③道：事理，规律。

译　文

　　名声与实际的关系就如同形体与影像的关系。一个人的德行才干全面深厚，则名声一定美好；一个人的容貌颜色漂亮，则影像也必然美丽。现在某些人不注重修养身心，却企求美好的名声传扬于社会，这就好比相貌很丑陋，却要求漂亮的影像出现在镜子中。上等德行的人已经忘掉了名声中等德行的人努力树立名声，下等德行的人竭力窃取名声。忘掉名声的人，可以体察事物的规律，使其言行符合道德规范，从而享受鬼神的赐福、保佑，他们用不着去求取名声；树立名声的人努力提高品德修养，慎重对待自己的行动，常常担心自己的荣誉不能显现，因此他们对名声是不会谦让的；窃取名声的人貌似忠厚而心怀大奸，求取浮华的虚名，所以他们是不会得到好名声的。

原 文

人足所履，不过数寸，然而咫尺之途，必颠蹶①于崖岸，拱把之梁②，每沉溺于川谷者，何哉？为其旁无余地故也。君子之立己，抑亦如之。至诚之言，人未能信，至洁之行，物③或致疑，皆由言行声名，无余地也。吾每为人所毁，常以此自责。若能开方轨④之路，广造舟⑤之航，则仲由之言信，重于登坛之盟，赵憙之降城，贤于折冲之将矣。

注 释

①颠蹶：颠仆、跌倒。②拱把之梁：即很小的独木桥。两手合围曰拱，只手所握曰把。③物：即人。④方轨：车辆并行。此处指平坦的大道。⑤造舟：连船为桥，即今之浮桥。

译 文

人的脚所踩踏的地方，面积只不过几寸，然而在咫尺宽的山路上行走，一定会从山崖上摔下去；从碗口粗细的独木桥上过河，也往往会淹死在河中，这是为什么呢？是因为人的脚旁边没有余地的缘故。君子要在社会上立足，也是这个道理。最诚实的话，别人是不会容易相信的；最高洁的行为，别人往往会产生怀疑，这都是因为这类言论、行动的名声太好，没有留余地造成的。每当我被别人诋毁的时候，就经常以此自责。如果你们能开辟平坦的大道，加宽渡河的浮桥，那么你们就能如同子路那样，说话真实可信，胜似诸侯登坛结盟的誓约；如同赵憙那样，招降对方盘踞的城池，赛过却敌致胜的将军。

原 文

吾见世人，清名登而金贝①入，信誉显而然诺亏，不知后之矛戟，毁前之干橹②也。虑子贱③云："诚于此者形于彼④。"人之虚实真伪在乎心，无不见乎迹，但察之未熟耳。一为察之所鉴，巧伪不如拙诚，承之以羞大矣。伯石让卿⑤，王莽辞政⑥，当于尔

时，自以巧密；后人书之，留传万代，可为骨寒毛竖也。近有大贵，以孝著声，前后居丧，哀毁⑦逾制，亦足以高于人矣。而尝于苫块⑧之中，以巴豆⑨涂脸，遂使成疮，表哭泣之过。左右童竖，不能掩之，益使外人谓其居处饮食，皆为不信。以一伪丧百诚者，乃贪名不已故也。

注　释

①金贝：指货币。②干橹（lǔ）：指盾牌。③虙（mì）子贱：春秋末期鲁国人，名不齐。孔子学生。曾为单父宰。④诚于此者形于彼：意思是在这件事上态度诚实，就给另一件事树立了榜样。⑤伯石让卿：指春秋时期郑国的伯石假意推辞对自己的任命一事。⑥王莽辞政：指东汉末期王莽假意推辞不当大司马之事。⑦哀毁：居丧时因悲伤过度而损害身体。后常用作居丧尽礼之词。⑧苫（shān）块："寝苫枕块"的略称。古人居父母之丧，以草垫为席，土块为枕。⑨巴豆：植物名。因产于巴蜀而形如菽豆，故名。

译　文

我看世上有些人在清白的名声树立之后，就把金钱财宝弄来装入腰包；在信誉显扬之后，就不再去信守诺言，不知道自己说的话自相矛盾。虙子贱说："诚于此者形于彼。"人的虚实真伪本于内心，但不能不从他的形迹中显露出来，只是人们没有深入考察罢了。一旦通过考察来鉴别，那么，巧伪的人就不如拙诚的人，他蒙受的羞辱就大了。春秋时期的伯石曾经三次推却卿的册封，汉朝的王莽也曾一再辞谢大司马的任命，在那个时候，他们都自以为事情做得机巧缜密。后人把他俩的言行记载下来，留传万代，让人读后为之毛骨悚然。最近有位大官以孝顺闻名，在居丧时间，他悲伤异常，超过了丧礼的要求，其孝心可以说是超乎常人了。但曾经他在居丧期间，用巴豆涂抹脸部，从而使脸上长出了疮疤，以此表示他哭泣得多么厉害。他身边的童仆却没有能够替他遮盖这件事，事情传扬出去，更使得外人对他在居处饮食诸方面所表露的孝心都不相信了。因为一件事情作假而使得一百件诚实的事情也失去了别人的信任，这就是由于贪求名声不知满足的原因啊！

原　文

有一士族，读书不过二三百卷，天才钝拙，而家世殷厚，雅自矜持，多以酒犊珍玩，交诸名士，甘其饵①者，递共吹嘘。朝廷以为文华，亦尝出境聘②。东莱王韩晋明③笃好文学，疑彼制作，多非机杼④，遂设宴言⑤，面相讨试。竟日欢谐，辞人满席，属音赋韵，命笔为诗，彼造次⑥即成，了非向韵⑦。众客各自沉吟，遂无觉者。韩退叹曰："果如所量！"韩又尝问曰："玉珽⑧杼上终葵首，当作何形？"乃答云："珽头曲圜，势如葵叶⑨耳。"韩既有学，忍笑为吾说之。

注　释

①饵：以利诱人。②聘：旧时国与国之间通问修好。③韩晋明：北齐人。袭父爵，后改封东莱王。④机杼（zhù）：织布机，用以比喻诗文创作中构思和布局的新巧。⑤宴言：指宴饮言谈。⑥造次：仓促，急遽。⑦韵：这里指文学作品的风格。⑧玉珽（tǐng）：即玉笏，为旧时天子所持的玉制手板。⑨葵叶：指终葵的叶子。这里之终葵为草名。

译　文

有位士家的子弟，读的书不过二三百卷，又天性迟钝笨拙，但他家世殷实富有，很是有些骄矜自负。他时常拿出美酒、牛肉及珍贵的玩赏物来利诱结交名士，凡是得到他好处的人，就争相吹捧他。朝廷也认为他才华过人，曾经派他作为使节出国访问。东莱王韩晋明十分爱好文学，怀疑这位士族写的东西大都不是出自他自己的命意构思，就设宴同他交谈，打算当面试试他。宴会那天，气氛欢乐和谐，文人才子们聚集一堂，大家挥毫弄墨，赋诗唱和。这位士族也是拿起笔来一挥而就，但那诗歌却完全不是过去的风格韵味。众宾客都各自在专心地低声吟味，没有一个发现这篇诗歌有什么异常的。韩晋明退席后感叹道："果然如我猜想的那样！"曾经韩明晋又问他说："玉珽杼上终葵首，那应该是什么样子？"他却回答说："玉珽的头部弯曲圆转，那样子就像葵叶一样。"韩晋明是有学问的人，忍着笑对我说了这件事。

原　文

治点子弟文章，以为声价，大弊事也。一则不可常继，终露其情；二则学者有凭，益不精励。

译　文

帮助子弟修改润饰文章，以此抬高他们的声名，这是特别糟糕的事。一则因为

你不可能持续不断地替他们修改润饰文章，终归有露出真情的时候；二则因为初学者一见有了依靠，就越发不去努力勤奋钻研了。

原文

邺下有一少年，出为襄国①令，颇自勉笃。公事经怀②，每加抚恤，以求声誉。凡遣兵役，握手送离，或赍③梨枣饼饵，人人赠别，云："上命相烦，情所不忍；道路饥渴，以此见思。"民庶称之，不容于口。及迁为泗州别驾④，此费日广，不可常周，一有伪情，触涂难继，功绩遂损败矣。

注释

①襄国：旧县名。公元前206年，项羽改信都县置，以赵襄子谥为名。②经怀：经心。③赍（jī）：以物送人。④别驾：官名。汉置别驾从事史，为刺史的佐史，刺史巡视辖境时，别驾乘驿车随行，故名。

译文

邺下有一位年轻人，外放任襄国县令，他非常勤勉踏实，办公事尽心尽意，对下属体恤爱护，心愿以此博取好名声。凡碰上派遣本地男丁去服兵役，他都要亲自前去握手送别，然后向服役的人赠送梨子、枣子、饼干等食品，并对每个人发表临别赠言说："上级的命令，有劳各位了，心中实在不忍心。你们路上饥渴，特备这点薄礼略表思念之情。"百姓们因此都很称颂他，对他赞不绝口。等到他升任泗州别驾，这类费用就一天多似一天，他不可能事事都做得面面俱到，一旦表现出虚情假意，就处处难以继续下去，过去建树的功业、劳绩也就随之被抹杀了。

原文

或问曰："夫神灭形消，遗声余价，亦犹蝉壳蛇皮，兽迒①鸟迹耳，何预于死者，而圣人以为名教②乎？"对曰："劝也。劝其立名，则获其实。且劝一伯夷③，而千万人立清风矣；劝一季札④，而千万人立仁风矣；劝一柳下惠⑤，而千万人立贞风矣；劝一史鱼⑥，而千万人立直风矣。故圣人欲其鱼鳞凤翼，杂沓参差⑦，不绝于世，岂不弘哉？四海悠悠，皆慕名者，盖因其情而致其善耳。抑又论之，祖考⑧之嘉名美誉，亦子孙之冕服⑨墙宇也，自古及今，获其庇荫者亦众矣。夫修善立名者，亦犹筑室树果，生则获其利，死则遗其泽。世之汲汲⑩者，不达此意，若其与魂爽⑪俱升，松柏偕茂者，惑矣哉！"

注释

①迒（háng）：兽迹。②名教：指以正定名分为主的封建礼教。③伯夷：商末孤竹君长子。④季札：又称公子札。春秋时期吴国贵族。多次推让君位。⑤柳下惠：即展禽。春秋时期鲁国大夫。展氏，名获，字禽。食邑在柳下，谥惠。⑥史鱼：一作"史䲡"。春秋时期卫国大夫，以正直敢谏著名。⑦故圣人欲其鱼鳞凤翼，杂沓参差：意思是圣人希望天下之民，不论其天资禀赋的差异，都纷纷起而仿效伯夷诸人。鱼鳞，鱼的鳞片。此处形容密集相从。杂沓，众多杂乱的样子。参差，不齐的样子。⑧祖考：祖先。生曰父，死曰考。⑨冕服：旧时统治者举行吉礼时所穿的礼服。⑩汲汲：心情急切的样子。⑪魂爽：即魂魄。

译文

有人问道："一个人的灵魂湮灭，形体消失之后，他遗留在世上的名声也就如同蝉蜕下的壳、蛇蜕掉的皮以及鸟兽留下的足迹一样了，那名声与死者有什么关系，而圣人要把它作为教化的内容来对待呢？"我回答他说："那是为了勉励大家啊，勉励一个人去树立好的名声，就能够指望他的实际行动可以与名声相符。况且我们勉励人们向伯夷学习，成千上万的人就能够树立起清白的风气了；勉励人们向季札学习，成千上万的人就能够树立起仁爱的风气了；勉励人们向柳下惠学习，成千上万的人就能够树立起坚贞的风气了；勉励人们向史鱼学习，成千上万的人就可以树立起刚直的风气了。因此圣人希望世上芸芸众生，不论其天资禀赋的差异，都纷纷起而仿效伯夷等人，从而使这种风气连绵不绝，难道这不是一件大事吗？这世界上众多普通百姓都是爱慕名声的，应该根据他们的这种感情而引导他们达到美好的境界。或许还可以这样说：祖父辈的美好名声和荣誉也如同是子孙们的礼冠服饰和高墙大厦，从古到今，得到它庇荫的人也够多了。那些广修善事以树立名声的人就如同建造房屋、栽种果树，活着时能得到好处，死后也可把恩泽施及子孙。那些急急忙忙只知道追逐实利的人就不懂得这个道理。他们死后，如果他们的名声能够与魂魄一道升天，能够同松柏一样长青不衰，那就是怪事了！"

精彩点拨

　　"名"与"实"是魏晋南北朝文士喜欢讨论的话题。在本篇中,颜之推从现实的角度出发,强调为人处世要言行一致,表里如一。他讽刺了那些"不修身而求令名于世者,犹貌甚恶而责妍影于镜"的人,在机缘巧合下,虽然得到一些虚名,但终会露出马脚,最后为人所耻笑。颜之推认为不少君子之所以在社会上身败名裂,是因为没有为自己留下余地。世人都希望名大于实,他们认为实大于名的人是傻瓜,殊不知,名大于实是难以长久的。文中例举大量正反事例,告诫后人做到名副其实,这对我们今人也是有教育意义的。

阅读积累

伯夷

　　伯夷(生卒年不详),子姓,墨胎氏,名允,商末孤竹国人。商纣王末期孤竹国第八任君主亚微的长子,弟亚凭、叔齐。是殷商时期契的后代。初,孤竹君欲以三子叔齐为继承人,至父死,叔齐让位于伯夷。伯夷以父命为尊,遂逃之,而叔齐亦不肯立,亦逃之。伯夷叔齐同往西岐,恰遇周武王讨伐纣王,伯夷和叔齐不畏强暴,叩马谏伐曰:"父死不葬,爰及干戈,可谓孝乎?以臣弑君,可谓仁乎?"左右欲兵之。姜子牙曰:"此二人义人也,扶而去之。"后天下宗周,伯夷、叔齐耻食周粟,饿死首阳山。

涉务第十一

精彩导读

《涉务》篇叙述了要专心致力于事务，就是说要办实事。在这篇文章中，颜之推旗帜鲜明地提出了士大夫处世要有益于社会的观点，主张抛弃清高，求真务实，认为只有如此，于国于己才有好处。这种观点也即是今天实事求是、脚踏实地的工作作风和工作态度。颜之推是在怎样的背景下提出这一观点的？我们该怎样将他的这一思想落实到行动中去呢？让我们先来阅读全文吧！

原文

士君子之处世，贵能有益于物耳，不徒高谈虚论，左琴右书①，以费人君禄位也。国之用材，大较不过六事：一则朝廷之臣，取其鉴达治体②，经纶③博雅；二则文史之臣，取其著述宪章，不忘前古；三则军旅之臣，取其断决有谋，强干习事④；四则藩屏⑤之臣，取其明练⑥风俗，清白爱民；五则使命之臣，取其识变从宜，不辱君命；六则兴造之臣，取其程功⑦节费，开略⑧有术，此则皆勤学守行⑨者所能辨也。人性有长短，岂责⑩具美于六涂哉？但当皆晓指趣，能守一职，便无愧耳。

注释

①左琴右书：弹琴读书。②治体：指治理国家的体制、法度。③经纶：此指处理国家大事。④强干习事：精明强干，熟悉事物。⑤藩屏：藩篱屏蔽，比喻藩国。⑥明练：明白清楚。⑦程功：计算、考核工程的进度。⑧开略：思路开阔。⑨守行：品行端正，保持好的品行。⑩责：强求。

译文

君子立身处世，贵在能够对旁人有益处，不能光是高谈阔论，弹琴读书，以此耗费

君主的俸禄官爵。国家使用的人才大概不外乎六种：一是朝廷之臣，为他们能通晓政治法度，规划处理国家大事，学问广博，品德高尚；二是文史之臣，为他们能撰述典章，阐释彰明前人治乱兴革之由，使今人不忘前代的经验教训；三是军旅之臣，为他们能多谋善断，强悍干练，熟悉战阵之事；四是藩屏之臣，为他们能通晓当地民风民俗，为政清廉，爱护百姓；五是使命之臣，为他们能洞察情况变化，择善而从，不辜负国君交付的外交使命；六是兴造之臣，为他们能计量功效，节约费用，开创筹划很有办法。以上种种都是勤于学习、保持操行的人所能办到的。人的资质各有高下，哪能强求一个人把以上六事都办得尽善尽美呢？只不过人人都应该明白其要旨，能够在某个职位上尽自己的责任，也就可以无愧于心了。

原 文

吾见世中文学之士，品藻①古今，若指诸掌②，及有试用，多无所堪。居承平之世，不知有丧乱之祸；处庙堂③之下，不知有战陈④之急；保俸禄之资，不知有耕稼之苦；肆⑤吏民之上，不知有劳役之勤，故难可以应世经务也。晋朝南渡⑥，优借士族；故江南冠带⑦，有才干者，擢为令⑧仆已下尚书郎中书舍人已上，典章机要。其余文义之士，多迂诞浮华，不涉世务；纤微过失，又惜行捶楚，所以处于清高，盖护其短也。至于台阁令史⑨，主书监帅⑩，诸王签省⑪，并晓习吏用，济办时须，纵有小人之态，皆可鞭杖肃督，故多见委使，盖用其长也。人每不自量，举世怨梁武帝父子⑫爱小人而疏士大丈，此亦眼不能见其睫耳。

注 释

①品藻：鉴定等级。②若指诸掌：像指示掌中之物一样，比喻事理浅近易明。③庙堂：宗庙明堂，旧时帝王议事之处，也指朝廷。④战陈：作战的阵法。陈，"阵"的本字。⑤肆：踞。⑥晋朝南渡：指西晋被灭后，晋元帝于建武元年（317年）南渡，在建康立东晋事。⑦冠带：官吏或士大夫的代称，以其戴冠束带，因得称。⑧令：即尚书令，为尚书省的长官。⑨台阁：指尚书省。令史：尚书省属下的官员。⑩主书：尚书省属下的官员。监帅：监督军务的官员。⑪省：指省事、尚书省属官。⑫梁武帝父子：指南朝梁的君主梁武帝萧衍和他的儿子梁简文帝萧纲、梁元帝萧绎。

译 文

我看世上那些研究文学的书生，品评古今倒像是指点掌中之物一般明白，等到要让他们去干一些实事，却大都不能胜任了。他们生活在社会安定的时代，不知道会有丧国乱民的灾祸；在朝中做官，不懂得战争攻伐的急迫；有可靠的俸禄收入，不了解耕种庄稼的辛苦；高踞于吏民之上，不明白劳役的艰辛，因此难得用他们去顺应时世，处理公务。晋朝南渡后，朝廷优待士族，因此江南的官吏，凡有才干的，都提拔他们担任尚书令、尚书仆射以下，尚书郎、中书舍人以上的官职，让他们掌管机要大事，剩下那些空谈文章的书生大都迂阔傲慢、华而不实，不接触实际事务；纵然有一些小小过失，也不好对他们施加杖责，因此只能给予他们名声清高的职位，以此来掩饰他们的弱点。至于尚书省的令史、主书、监帅，诸王身边的签帅、省事，担任这类职务的都是熟悉官吏事务、能够履行职责的人，其中有些人纵有不良表现，都可施以鞭打杖击的处罚，严加监督，所以这些人多被任用，大略是用其所长吧。人往往不知自量，当时大家都埋怨梁武帝父子亲近小人而疏远士大夫，这也就好比自己的眼珠子看不见自己的眼睫毛一样，是没有自知之明的表现。

原 文

梁世士大夫，皆尚褒衣博带①，大冠高履②，出则车舆，入则扶侍，郊郭之内，无乘马者。周弘正③为宣城王所爱，给一果下马④，常服御之，举朝以为放达⑤。至乃尚书郎乘马，则纠劾之。及侯景之乱⑥，肤脆骨柔，不堪行步，体羸气弱，不耐寒暑，坐死仓猝者，往往而然。建康⑦令王复性既儒雅，未尝乘骑，见马嘶喷陆梁⑧，莫不震慑，乃谓人曰："正是虎，何故名为马乎？"其风俗至此。

注 释

①褒衣博带：宽大的袍子和衣带。②高履：高齿屐。③周弘正：字思行，南朝学者，在梁、陈都做过官。④果下马：在当时被视为珍品的一种小马，只有三尺高，能在果树下行走，故名。⑤放达：放纵不拘礼法。⑥侯景之乱：梁武帝太清二年（548年）北朝降将侯景叛乱，攻破建康，梁武帝被困而死。⑦建康：今南京。本名金陵，吴为建业，晋避愍帝讳，故改为建康。⑧陆梁：跳跃。

译 文

　　梁朝的士大夫都爱好宽袍大带、大帽高履，外出乘坐车舆，回家凭靠童仆服侍，在城郊以内，就没见有哪个士大夫骑马的。周弘正这人被宣城王宠爱，得到一匹果下马，经常骑着它外出，满朝官员都认为他甚是放纵。至于像尚书郎这样的官员骑马，就会被人检举弹劾。到侯景之乱发生时，这些士大夫肌肤脆弱、筋骨柔嫩，受不了步行；身体瘦弱、气血不足，耐不得寒暑，在仓促变乱中坐以待毙的往往就是这些人。建康令王复，性格既温文尔雅，又从未骑过马，一看到马嘶叫腾跃，总是感到震惊害怕，他对别人说："这正是老虎，为什么要把它称作马呢？"那时的风气竟到了这种地步。

原 文

　　古人欲知稼穑①之艰难，斯盖贵谷务本②之道也。夫食为民天，民非食不生矣，三日不粒③，父子不能相存④。耕种之，莯⑤铟之，刈获之，载积之，打拂之，簸扬之，凡几涉手，而入仓廪，安可轻农事而贵末业哉？江南朝士，因晋中兴⑥，南渡江，卒为羁旅，至今八九世，未有力田，悉资俸禄而食耳。假令有者，皆信⑦僮仆为之，未尝目观起一墢⑧土，耕一株苗；不知几月当下，几月当收，安识世间余务乎？故治官则不了，营家则不办⑨，皆优闲之过也。

注 释

　　①稼穑：指农事。②本：与下文之"末业"相对，本指农业，末指商业。③粒：以谷米为食。④存：想念、省问。⑤莯（lì）：同"薅"，除草。⑥中兴：西晋亡后，东晋又建国于江南，故称中兴。⑦信：依靠。⑧墢（máng）：耕地时一耦所翻起的土。⑨办：治理。

译 文

　　古人打算了解农事的艰难，这大约体现了重视粮食、以农为本的思想。吃饭是民生第一件大事，老百姓没有粮食就不会生存，三天不吃饭，恐怕父子之间也顾不得互相问候了。种一季庄稼，需要耕地、播种、除草、松土、收割、运载、脱粒、簸扬，经过多次工序，粮食才能够入仓，怎么可以轻视农业而看重商业呢？江南朝廷的士大夫们是因为晋朝的中兴，渡江南来，最后客居异乡的，到如今已过了八九代，还从来没有下力气种过田，全靠俸禄生活。即使有点田地的，都是靠童仆们耕种，自己从没有亲眼看见翻一尺土，薅一株苗；不知道什么时候该播种，什么时候该收割，这样哪能懂得社会上的其他事务呢？因此他们做官不明吏道，理家不会经营，这都是生活悠闲造成的过错啊。

精彩点拨

南朝后期，门阀制度在南方已日趋没落，士族子弟几乎是金玉其表，败絮其中，没有几个能办实事的。士族出身的颜之推对此看在眼里，急在心里。作者在此篇文章中指出"士君子之处世，贵能有益于物"，批评了那些整日高谈阔论，"不知几月当下，几月当作"的士族子弟，告诫自己的子孙要接近实际，成为于国于民有用的人。子曰："饱食终日，无所用心，难矣哉。"这样的纨绔子弟手无缚鸡之力，一旦身处乱世，只能坐以待毙。俗话说："自古英雄多磨难，从来纨绔少伟男"，我们还是要有吃苦耐劳的精神和意志。

阅读积累

果下马

果下马是罕见的马匹，因身材矮小，骑着它能穿行于果树下，因此得名"果下马"。这种马，毛褐色，高约三尺，长三尺七寸，体重只有一百多斤，但可拉一千两百至一千五百斤重的货物。它性勤劳，不惜力，健行且善走滑坡，适合在多雨的南方驾驭。可称得上动物进化史上的罕见现象。据《罗定志》记载，"果下马，出德庆之泷水者"，"乘之可于果树下行"；"有种马中偶然产之，不可多得，故其价甚贵"。

省事第十二

原 文

　　铭金人云："无多言，多言多败；无多事，多事多患。"至哉斯戒①也！能走者夺其翼，善飞者减其指，有角者无上齿，丰后者无前足，盖天道不使物有兼焉也。古人云："多为少善，不如执一；鼫鼠②五能，不成伎术。"近世有两人，朗悟③士也，性多营综④，略无成名。经不足以待问，史不足以讨论，文章无可传于集录，书迹未堪以留爱玩，卜筮⑤射六得三，医药治十差⑥五，音乐在数十人下，弓矢在千百人中，天文、画绘、棋博、鲜卑语、胡书、煎胡桃油、炼锡为银，如此之类，略得梗概⑦，皆不通熟。惜乎，以彼神明⑧，若省其异端⑨，当精妙也。

注 释

　　①戒：训诫。②鼫（shí）鼠：鼠名，也叫石鼠、土鼠。③朗悟：天资聪敏。④营综：经营。⑤卜筮（shì）：古人预测吉凶，用龟甲称卜，用蓍草称筮，合称卜筮。⑥差：病好。⑦梗概：大略，大概。⑧神明：精神和灵气。⑨异端：古代儒家称其他持不同见解的学派为异端，后泛称不合正统者为异端。

译文

孔子在周朝的太庙里见到一个铜人，其背上刻有几行字，说："不要多说话，多说话多受损；不要多管事，多管事多遭灾。"这个训诫说得太妙了！对于动物来说，善于奔跑的就不能让它长上翅膀，善于飞行的就不能让它长出前肢，头上长角的，其嘴里就没有上齿，后肢发达的，其前肢就退化，大概大自然的法则就是不能让它们兼有各种优点吧。古人说："干得多而干好的少，那就不如专心干好一件事；鼫鼠有五种本领，却都难以派用场。"近世有两个人，都是聪明颖悟之辈，兴趣广泛，却没有一样专长可以帮助他们树立名声。他们的经学知识经不起别人提问，史学知识不足以跟别人探讨评论；他们的文章水准达不到编集传世，书法作品不值得保存赏玩；他们为人卜筮六次里面只对三次，替人看病治十个只能有五个痊愈；他们的音乐水准在数十人之下，射箭本领也不出众，天文、绘画、棋艺、鲜卑话、胡人文字、煎胡桃油、炼锡成银，像这一类的技艺，他们也只能略微了解一个大概，却都不是精通熟悉。可惜啊，以他们这样的精神和灵气，如果能割舍其他爱好而专心研习一种，那一定会达到精妙的地步。

原文

上书陈事，起自战国，逮于两汉，风流①弥广。原其体度：攻人主之长短，谏诤之徒也；讦群臣之得失，讼诉之类也；陈国家之利害，对策之伍也；带私情之与夺，游说之俦也。总此四涂②，贾诚③以求位，鬻言以干禄。或无丝毫之益，而有不省之困，幸而感悟人主，为时所纳，初获不赀之赏，终陷不测之诛，则严助④、朱买臣⑤、吾丘寿王⑥、主父偃⑦之类甚众。良史所书，盖取其狂狷⑧一介，论政得失耳，非士君子守法度者所为也。今世所睹，怀瑾瑜⑨而握兰桂者，悉耻为之。守门诣阙，献书言计，率多空薄，高自矜夸，无经略之大体，咸秕糠之微事，十条之中，一不足采，纵合时务，已漏先觉，非谓不知，但患知而不行耳。或被发奸私，面相酬证，事途回穴⑩，翻惧怨尤⑪；人主外护声教，脱⑫加含养，此乃侥幸之徒，不足与比肩⑬也。

注释

①风流：遗风。②涂：道路。③贾诚：贾忠，避隋文帝父杨忠讳改。④严助：西汉辞赋家。会稽人。后因与淮安王刘安谋反事有牵连而被杀。⑤朱买臣：西汉吴县人，字翁子。武帝时期，为会稽太守、主爵都尉等。后被杀。⑥吾丘寿王：西汉赵人，字子赣。为侍中中郎，后坐事诛。⑦主父偃：西汉临淄人，主父为复姓。任中大夫，后为

齐相，以迫齐王自杀，被诛。⑧狂狷（juàn）：指志向高远的人与拘谨自守的人。⑨瑾瑜：美玉，喻才能。⑩宂：纡曲、变化无定的意思。⑪愆尤：指罪过。⑫脱：或者。此处用作表推度的副词。⑬比肩：并肩。此处指与之为伍。

译 文

　　向君主上书陈述意见，这种事起自战国时期，到了两汉，这种风气更加流行。推究它的体度，有四种情况：指责国君长短的，属于谏诤一类；攻讦群臣得失的，属于讼诉一类；陈述国家利害的，属于对策一类；抓住对方私人情感来打动他的，属于游说一类。总括这四类人的道路，都是靠贩卖忠心来求取地位，靠出售言论来谋取利禄。他们陈述的意见可能没有丝毫益处，反而会导致不被国君理解的困扰；即使有幸能感悟国君，被及时采纳，虽然当时他们能得到不可比量的奖赏，但最终还是遭致了无法预测的诛杀，就如同严助、朱买臣、吾丘寿王、主父偃这类人，那是很多的。优秀的史官所记载的只是选取了其中那些狂狷耿介，评论时政得失的人罢了，但这些都不是世家君子谨守法度的人所能干的。就我们现在所看见的，那些德才兼备的人都耻于干这种事。守候于国君出入的门户，或趋赴朝廷的殿堂，向国君献书言计，那些东西大多是空疏浅薄，自吹自擂的，内中没有治理国家的纲领，都是些鸡毛蒜皮的小事，十条意见里面无一条值得采纳；纵然其中所言也有合乎实际情况的，但上书者却忘了那是别人早就认识到的，并不是大家不知道，可忧的是知道了却不去实行。有时上书者被人揭发出奸诈营私的事，当面与人应答对证，事情

的发展反复变化，这时当事人反而是时时担惊受怕；纵然国君出于对外维护朝廷声誉教化的考虑，或许能对他们加以包涵，那他们也只能算是侥幸获免之辈，正人君子是不屑与他们为伍的。

原文

君子当守道崇德，蓄价①待时，爵禄不登，信由天命。须求趋竞，不顾羞惭，比较材能，斟量功伐②，厉色扬声，东怨西怒；或有劫持宰相瑕疵，而获酬谢，或有谊聒时人视听，求见发遣；以此得官，谓为才力，何异盗食致饱，窃衣取温哉！世见躁竞③得官者，便谓"弗索何获"；不知时运之来，不求亦至也。见静退未遇者，便谓"弗为胡成"；不知风云④不与，徒求无益也。凡不求而自得，求而不得者，焉可胜算乎！

注释

①价：指声望。②功伐：指功劳。伐也是功的意思。③躁竞：急于与人比高下，争权势。④风云：指人的际遇。

译文

君子要谨守正道、推崇德行、蓄养声望以待时机。如果一个人官职俸禄不能往上升，那实在是因为天命的缘故。自己去索求奔走，不顾及羞耻，跟别人比较才能大小，计量功劳高低，声色俱厉，怨这怨那，甚至有人以宰相的毛病进行要挟，以此取得酬谢；有人大声吵嚷，混淆视听，以此求得早日被安排任用。靠这些手段得到官职，说这就是他们的才干能力，这与偷盗食物来填饱肚皮、窃取衣服来求得温暖有什么区别呢！一般人看见那些奔走钻营而取得官位的人，就说："不去索取怎么能获得呢？"他们不知道时运到来时，你不求取也会来的；他们看见那些恬静谦让却没有得到赏识的人，就说："不去争取怎么能成功呢？"他们不知道时机没有来到，徒然去追求也是没有好处的。世上那些不去索求却获得了，以及索求了却没有获得的人，哪能计算得清呢！

原文

前在修文令曹，有山东学士与关中太史竞历①，凡十余人，纷纭累岁，内史牒付议

官平②之。吾执论曰："大抵诸儒所争，四分并减分③两家尔。历象之要，可以晷④景测之；今验其分至⑤薄蚀，则四分疏而减分密。疏者则称政令有宽猛，运行致盈缩⑥，非算之失也；密者则云日月有迟速，以术求之，预知其度⑦，无灾祥也。用疏则藏奸而不信，用密则任数⑧而违经。且议官所知，不能精于讼者，以浅裁深，安有肯服？既非格令所司，幸勿当也。"举曹贵贱，咸以为然。有一礼官，耻为此让，苦欲留连，强加考覈。机杼⑨既薄，无以测量，还复采访讼人，窥望长短，朝夕聚议，寒暑烦劳，背春涉冬，竟无予夺，怨诮滋生，赧然而退，终为内史所迫：此好名之辱也。

注 释

①关中：地名。指今陕西一带。太史：官名，掌历法。竞历：指争论历法。②内史：官名，掌民政。牒：公文。平：评议，公正地论定是非曲直。③四分：指四分律。减分：指减分律。④晷（guǐ）：指日晷，测度日影以确定时刻的仪器。亦指监测日月星等天象的仪器。⑤分至：指春分、秋分和夏至、冬至。⑥盈缩：也称赢缩，《汉书·天文志》："岁星超舍而前为赢，退舍为缩。"⑦度：躔（chán）度。日月星辰运行的度次。⑧任数：指顺应天数。⑨机杼：胸臆。

译 文

从前我在修文令曹时，有山东学士与关中太史争论历法，共有十几个人，相互之间乱争了好几年也没有结果，内史下公文交付议官来评定是非。我发表自己的看法说："大抵各位先生所争论的可分为四分律和减分律两家。历象的要点是可以用日晷仪来测量的。现在以此来检验两种历法的春分、秋分、夏至、冬至四个节气以及日食月食等现象，可以看出四分律比较疏略而减分律比较细密。疏略者就声称政令有宽大与严厉之别，天体的运行也相应会产生超前与不足，这并不是历法计算的失误；细密者则说虽然日月的运行有快有慢，但用正确的方法来推求，就可以预先知道它们运行的躔度，并不存在什么灾祥之说。如果采用疏略的四分律，就可能隐藏奸邪而失却真实，如果采用细密的减分律，就可能顺应天数而违背经义。况且议官所懂得的知识不可能精于论争的双方，以学识浅薄的人去裁判学问深厚的人，哪里能让人服气呢？既然这事不属于法律条令所掌管，就希望不要让我们来判决此事吧。"整个议曹的人不分地位高低，都认为我说得对。有一位礼官却以表现这种谦让态度而感到耻辱，苦苦地舍不得放手，想方设法去对两种历法进行考核。他的有关知识修养又不足，无法实地进行测量，于是就反反复复地去采访论争的双方，想借此看出其中的优劣。他们从早到晚地聚会评议，暑往寒来，不胜烦劳，由春至冬，竟然无法裁决，抱怨责难之声四起，这位礼官才红着脸告退了，最后还被内史搞得下不了台，这就是好名声出风头所招来的耻辱啊！

精彩点拨

省事，通俗而言，就是"多一事不如少一事"。在本篇中，颜之推从自己的亲身经历出发，现身说法，告诫自己的后辈做事要专心致志，与其样样精通，不如专精一门；对于禄位，不可刻意追逐，而是应听从命运的安排；对自己不熟悉的人和事不可妄加评议；要以道自守，不追求虚名。

阅读积累

礼记

《礼记》，又名《小戴礼记》《小戴记》，成书于汉代，为西汉礼学家戴圣所编。《礼记》是中国古代一部重要的典章制度选集，共二十卷四十九篇。书中内容主要写先秦的礼制，体现了先秦儒家的哲学思想（如天道观、宇宙观、人生观），教育思想（如个人修身、教育制度、教学方法、学校管理），政治思想（如以教化政、大同社会、礼制与刑律），美学思想（如物动心感说、礼乐中和说），是研究先秦社会的重要资料，是一部儒家思想的资料汇编。《礼记》章法谨严，映带生姿，文辞婉转，前后呼应，语言整饬而多变，是"三礼"之一、"五经"之一，"十三经"之一。自东汉郑玄作"注"后，《礼记》地位日升，至唐代时被尊为"经"，宋代以后，位居"三礼"之首。《礼记》中记载的古代文化史知识及思想学说对儒家文化的传承、当代文化教育和德性教养，以及和谐社会建设具有重要影响。

止足第十三

精彩导读

　　本篇所介绍的"止足"一般指"知足"。这里有既要满足又要知止的意思。作者认为，少欲知足是安身立命、保全门户的重要方法。在今天，作者的这一观点还有哪些现实意义呢？让我们一起来阅读吧！

原文

　　《礼》云："欲不可纵，志不可满。"宇宙可臻其极，情性不知其穷，唯在少欲知足，为立涯限尔。先祖靖侯①戒子侄曰："汝家书生门户，世无富贵；自今仕宦不可过二千石②，婚姻勿贪势家。"吾终身服膺，以为名言也。

注释

　　①靖侯：指之推九世祖含，字宏都，谥号靖侯。②二千石：汉制，郡守俸禄为二千石。盖自汉、魏以来，因仕途凶险，一般浮沉官海者多以俸禄二千石的官职为限。

译文

　　《礼记》上说："欲望不可放纵，志向不可满足。"天地之大，也可到达它的极限，而人的天性却不知道穷止，只有寡欲而知足，才可划定一个界限。先祖靖侯曾告诫子侄们说："你们家是书生门户，世世代代没有富贵过；从现在起，你们为官，不可担任年俸超过二千石的官职；你们成婚，不可贪图高攀世家豪门。"对这些话，我一生都信奉，牢记心间，把它当作至理名言。

原 文

　　天地鬼神之道①，皆恶满盈。谦虚冲损，可以免害。人生衣趣②以覆寒露，食趣以塞饥乏耳。形骸之内，尚不得奢靡，己身之外，而欲穷骄泰邪？周穆王③、秦始皇、汉武帝，富有四海，贵为天子，不知纪极④，犹自败累，况士庶乎？常以二十口家，奴婢盛多，不可出二十人，良田十顷，堂室才蔽风雨，车马仅代杖策，蓄财数万，以拟吉凶⑤急速，不啻⑥此者，以义散之；不至此者，勿非道求之。

注 释

　　①天地鬼神之道：即今天所谓的自然法则之意。②趣：仅够的意思。③周穆王：西周国王。姬姓，名满。昭王之子。④纪极：终极，限度。⑤吉凶：婚事丧事。⑥不啻：不但，不止。

译 文

大自然的法则都是憎恶满溢。谦虚淡泊，可以免除祸患。人生在世，衣服只要能够御寒，饮食只要能够充饥，也就行了。在衣、食这两件与人本身密切相关的事情上尚且不应该奢侈浪费，又何必在那些非身体所急需的事情上穷奢极欲呢？周穆王、秦始皇、汉武帝，他们都富有四海，贵为天子，不知满足，到头来还会遭到败损，何况一般人呢？我一直认为，一个二十口的家庭，奴婢很多，也不可超出二十人，良田只需十顷，房屋只求能遮挡风雨，车马只求可以代步，钱财可积蓄几万，以备婚丧急用，超过这个数量，就该仗义疏财；达不到这个数量，也不必用不正当的手段去索求。

原 文

仕宦称泰①，不过处在中品，前望五十人，后顾五十人，足以免耻辱，无倾危也。高此者，便当罢谢，偃仰②私庭。吾近为黄门郎③，已可收退；当时羁旅④，惧罹谤讟⑤，思为此计，仅未暇尔。自丧乱已来，见因托风云，徼幸富贵，旦执机权，夜填坑谷，朔欢卓⑥、郑，晦泣颜、原⑦者，非十人五人也。慎之哉！慎之哉！

注 释

①泰：大极；过甚。②偃仰：安居。③黄门郎：即黄门侍郎。职官名，属门下省。东汉始设专官，其职为侍从皇帝，传达诏命。④羁（xiàn）旅：作客他乡。⑤讟（shì）：诽谤；怨言。⑥卓：指卓氏。战国时期秦、汉间大商人，祖先为赵国人。⑦原：指原宪，春秋时期鲁国人。字子思，亦称原思。孔子学生。

译 文

我认为做官做到最高位置，不过是处于中等品级就足够了，向前看有五十人在前面，向后望有五十人在后面，这就足以免去耻辱，又不承担风险。高于中品的官职，就应该婉言谢绝，闭门安居。近来我担任黄门侍郎的官职，已经可以告退了；只是客居异乡，怕遭人攻击诽谤，虽有这个打算，只是找不到机会。自从丧乱发生以来，我看见那些乘时而起、侥幸富贵的人，白天还在执掌大权，晚上就尸填坑谷；在高兴自己与卓氏、程郑一样富有，月底就悲泣自己像颜渊、原宪一样贫穷。有这种遭际的人并不止十个五个。要当心啊！要当心啊！

精彩点拨

止足的意思就是凡事知止知足，不得贪得无厌。颜之推在本篇告诫后人：不论是做官，还是积财，都要有限度，不能放纵自己的欲望，否则就可能遇上麻烦。他告诫子孙，做官只能做到中品，"前望五十人，后顾五十人"，这样才保险；至于物质生活，家里的仆人不可超过二十个，良田只需十顷。显然，作者这种"谦虚冲损，可以免害"的想法与当时的混乱环境有关。当今世界，"中庸之道""适可而止"等昔日的处世标准似乎已成为落后者、逃避着的代名词。人的欲望永无止境，欲壑难填，而世界的资源是有限的。如果只求满足欲望，贪得无厌，人类自己将可能毁灭自己。因此，在今天，颜之推"止足"的观点对我们仍有借鉴意义。

阅读积累

周穆王

周穆王（约公元前1026年—约公元前922年），姬姓，名满，又称"穆天子"，周昭王之子，西周第五位君主。一说在位五十五年，是西周在位时间最长的周王。周穆王富于传奇色彩，在位期间，曾征犬戎（一作畎戎）、伐徐戎、作甫刑（亦称《吕刑》）。此外，史料中还有关于穆王西游见西王母的记载，其中以《穆天子传》最为详细。周穆王统治初期，没有像昭王那样靠武力征伐四方来平息国内各种矛盾，他认为是统治阶层内部出现了问题。他命令大臣伯臩向朝廷官员重申执政规范，并发布《臩命》；又用吕侯（亦作甫侯）为司寇，命作《吕刑》，告四方，以正天下。刑书制定墨、劓、膑、宫、大辟五刑，其细则达三千条之多。在周穆王的励精图治下，天下再度安宁，保持着昭王盛世的延续。

诫兵第十四

精彩导读

在《诫兵》篇中,作者告诫子女以儒雅为业,远离武术。作者结合家族历史,说明颜姓家族是以儒雅知名的,而家族中爱好武术的人多无成就,甚至结局悲惨。对作者的这一观点,你持什么态度呢?请结合本文的阅读,谈谈你的看法。

原文

颜氏之先,本乎邹、鲁,或分入齐,世以儒雅为业,遍在书记①。仲尼门徒,升堂②者七十有二,颜氏居③八人焉。秦、汉、魏、晋,下逮齐、梁,未有用兵以取达者。春秋世,颜高、颜鸣、颜息、颜羽之徒,皆一斗夫耳。齐有颜涿聚,赵有颜冣④,汉末有颜良,宋有颜延之,并处将军之任,竟以颠覆。汉郎颜驷,自称好武,更无事迹。颜忠以党⑤楚王受诛,颜俊以据武威见⑥杀,得姓已来,无清操⑦者,唯此二人,皆罹⑧祸败。顷世乱离,衣冠之士,虽无身手⑨,或聚徒众,违弃素业,徼幸战功。吾既赢薄⑩,仰惟前代,故真心于此,子孙志⑪之。孔子力翘⑫门关⑬,不以力闻,此圣证也。吾见今世士大夫,才有气干,便倚赖之,不能被⑭甲执兵,以卫社稷;但微行险服⑮,逞弄拳腕,大则陷危亡,小则贻耻辱,遂无免者。

注释

①书记:指书籍等书面的材料。②升堂:升堂入室的简略语。泛指人的学问造诣精深。③居:占。④冣(zuì):通"最"。⑤党:结党。⑥见:被。⑦清操:清廉高尚的节操。⑧罹(lì):遭遇不幸。⑨身手:武艺气力。⑩赢薄:瘦弱。⑪志:记。⑫翘:举。⑬门关:出入必经的国门、关门。⑭被:披。⑮微行险服:悄无声息地行动,穿不合礼制的服饰。

颜氏的先辈祖居春秋时期的邹国、鲁国，有的又分散到春秋时期的齐国，世世代代都是以儒雅为业，这在书籍中随处可见记载。孔子的门徒，学问精深的七十二人中，颜氏家族占了八人。从秦、汉、魏、晋，往下数到南朝的齐、梁，颜氏家族中没有靠用兵而得志扬名的。春秋时期，有颜高、颜鸣、颜息、颜羽等人，这都是一些武夫。齐国有颜涿聚，赵国有颜冣，汉朝末年有颜良，东晋末年有颜延，这都处在将军的位置上，最终却因此而倾败。汉朝的郎官颜驷自称好武，却没有看到他有事迹流传。还有颜忠因党附楚王受诛，颜俊因割据武威被杀，从有颜姓以来，没有高尚节操的只有这两个人，两人都遭致了灾祸败亡。近世以来，国家遭逢乱离，虽然士大夫们没有武艺气力，但有的也聚集徒众，放弃了一贯的诗书儒业，去碰运气求取战功。我的身体既如此单薄，又想到前人好兵致祸的教训，所以把心思放在读书仕宦这上面，希望子子孙孙都记住这一点。孔子的力气可举起城门，却不以武力闻名于世，这是圣人为我们树立的榜样啊！我看见当今的士大夫们才血气方刚，就以此自恃，又不能披戴铠甲、手执兵器去保卫国家；只知穿上剑客的服装，行踪诡秘，到处逞弄拳术，大则身陷危亡，小则自讨耻辱，竟没有一个可以幸免的。

原文

国之兴亡，兵之胜败，博学所至，幸讨论之。入帷幄①之中，参庙堂②之上，不能为主尽规以谋社稷，君子所耻也。然而每见文士，颇③读兵书，微有经略。若居承平之世，睥睨宫阃④，幸灾乐祸，首为逆乱，诖误⑤善良；如在兵革之时，构扇⑥反复，纵横说诱，不识存亡，强相扶戴：此皆陷身灭族之本也。诚之哉！诚之哉！

注释

①帷幄：此指天子决策之处。②庙堂：朝廷。指人君接受朝见、议论政事的殿堂。③颇：这里是略微的意思。④宫阃（kǔn）：帝王后宫。⑤诖（guà）误：贻误；连累。⑥构扇：也作"构煽"。挑拨煽动。

译文

国家的兴亡，战争的胜败，如果对此已具有广博的学识，也是可以讨论这个问题的。一个人进入国家决策机关，在朝廷的殿堂上参与国政，却不能为君主尽谋划之责以求

得国家的安定富足，这是君子所引以为耻辱的。但我常常看见一些文士，兵书既读得很少，兵法也只是略知概要。如果处在太平盛世，他们会热心侦伺后宫动静，为每一点动乱而幸灾乐祸，领头犯上作乱，以致牵连善良之辈；如果处在战乱时期，他们会到处挑拨煽动，八方游说，翻手为云，覆手为雨，看不清存亡的趋向，却竭力扶持拥戴别人称王。这些行为都是招致丧身灭族的祸根，对此要警惕！千万要警惕！

原文

习五兵①，便乘骑，正可称武夫尔。今世士大夫，但不读书，即称武夫儿，乃饭囊酒瓮②也。

注释

①五兵：五种兵器。《周礼·夏官·司兵》："掌五兵五盾。"郑玄注引郑司农云："五兵者，戈、殳、戟、酋矛、夷矛也。"此指车之五兵。步卒之五兵，则无夷矛而有弓矢。②饭囊酒瓮：即现在俗称的酒囊饭袋之意。瓮，一种陶制盛器。

译文

熟悉五种兵器，擅长骑马，方可称作武夫。现在的士大夫只要不读书，就称作武夫，其实只是酒囊饭袋一个。

精彩点拨

本篇主要论述作者对习武带兵的态度。作者先从颜氏的祖先讲起，列举了本族之中因从武而得祸的例子。他告诫子孙应该世袭儒雅，恪守士大夫之风以保存门户。颜之推"一生而三化"，三为亡国之人，其悲惨遭遇多是由武将动乱所致。他特别讨厌那些卖弄拳勇、连累善良的人。颜之推所处的年代，时人颇有"万般皆下品，惟有读书高"的观念，这是由当时的社会大环境所决定的。到了宋朝，文官地位高，武官地位低，一旦遇到强大外族，朝廷就毫无抵抗能力。"没有一个人民的军队便没有人民的一切"，在今天看来，颜之推的观点还是有着历史局限性的。

阅读 积累

颜良（约160年—200年），堂阳（今邢台市新河县）闫仙庄人，东汉末年河北军阀袁绍部下名将，以勇而闻名。建安四年，袁绍以颜良、文丑为将，率精卒十万，准备攻许，次年兵进黎阳，遣颜良攻白马。曹操北救，以荀攸计分兵渡河，引袁绍西应，自率轻兵掩袭白马，颜良仓促逆战，被关羽击斩。

养生第十五

精彩导读

　　在本篇中，作者介绍了不同的养生方法。强调真正的养生还应该是内在的因素。要设法使自己远离祸害，既要注意修身养性，又要注意为人处世的方法。在今天，我们一致认为，良好的心态及科学的饮食起居习惯对一个人的健康长寿有着至关重要的作用，这实际上与颜之推的观点是和谐统一的。我们应该怎样调整心态，乐观生活延年益寿呢？让我们一起来学习吧！

原文

　　神仙之事，未可全诬；但性命①在天，或难钟②值。人生居世，触途牵絷；幼少之日，既有供养之勤；成立之年，便增妻孥之累。衣食资须，公私驱役；而望遁迹山林，超然尘滓，千万不遇一尔。加以金玉之费③，炉器④所须，益非贫士所办。学如牛毛，成如麟角⑤。华山之下，白骨如莽，何有可遂之理？考之内教，纵使得仙，终当有死，不能出世，不愿汝曹专精于此。若其爱养神明⑥，调护气息，慎节起卧，均适寒暄，禁忌食饮，将饵药物，遂其所禀⑦，不为夭折者，吾无间然⑧。诸药饵法，不废世务也。庾肩吾常服槐实⑨，年七十余，目看细字，须发犹黑。邺中朝士，有单服杏仁、枸杞、黄精、术、车前⑩得益者甚多，不能一一说尔。吾尝患齿，摇动欲落，饮食热冷，皆苦疼痛。见《抱朴子》牢齿之法，早朝叩齿三百下为良⑪；行之数日，即便平愈，今恒持之。此辈小术，无损于事，亦可修也。凡欲饵药，陶隐居《太清方》中总录甚备，但须精审，不可轻脱。近有王爱州在邺学服松脂⑫，不得节度，肠塞而死。为药所误者甚多。

　　①性命：这里指万物的天赋和禀受。②钟：适逢。③金玉之费：炼丹药时耗费的金、玉。④炉器：指炼丹炉。⑤麟角：麒麟的角，比喻珍贵稀少。⑥神明：指人的精神、心思。⑦禀：赐予，赋予。⑧间然：找空子。这里指批评。⑨槐实：槐的果实。可入药。

⑩杏仁、枸杞、黄精、术、车前：均为中药名。⑪早朝叩齿三百下为良：《抱朴子·应难》："或问坚齿之道，抱朴子曰：'能养以华池，浸以醴液，清晨建齿三百过者，永不动摇。'"⑫松脂：松树树干所分泌的树脂。

译文

神仙之类的事情不能说都是假的，万物的天赋和禀受由上天来决定，这种机会是很难遇到的。人生活在世上，所牵挂得太多。小时候，有侍奉父母的辛劳；成年了，却又不能摆脱妻儿的拖累。这边想着家里的衣食需求，那边还惦记着公事、私事；虽然如此辛勤劳苦，但是真正希望隐居山林、达到超凡脱俗的人，千万个人中也遇不到一个啊。加上炼丹要耗费黄金宝玉，还有炉鼎器具之类，这更不是贫士所能办到的。学道的人多如牛毛，成仙的人却凤毛麟角。看华山下面的白骨多得像野草一般，哪里有称心如意的道理？如果放在佛教之中考究这个问题，就是成了仙，最后还是不免一死，并不能彻底摆脱人世间的羁绊，我不想让你们专心致志地做这样的事。如果是为了爱惜精神，调理气息，而因此起居有规律，穿衣冷暖适当，饮食有所禁忌，吃一些补药来滋养身体，收到延年益寿的效果，对此我是没有什么可批评的。掌握各种服药的方法，不要因此而误事。庾肩吾常服用槐树果实，七十多岁的时候，眼睛还能看清小字，胡须头发也还很黑。有些邺城的朝廷官员专门服用杏仁、枸杞、黄精、白术、车前，从中获益多多，这些不能一一列举。曾经我患有牙疼的小病，牙齿松动得几乎要掉了，不管是吃冷的，还是热的，都疼痛难耐。看了《抱朴子》里固齿的方法：早上起来叩牙三百次。我试着坚持了几天，牙竟然好了，现在我还保持着这一习惯。这一类的小方法并不妨碍别的事情，不妨试试。要想服用补药的话，陶隐居的《太清方》中收录了很多，但必须细心地挑选，不能够轻率地去用。最近有个叫王爱州的人，在邺城效仿别人服用松脂，因为方法不当，结果肠子被堵，人也死了。像这种被药物所害的例子是很多的。

原文

夫生不可不惜，不可苟惜①。涉险畏之途，干祸难之事，贪欲以伤生，谗慝②而致死，此君子之所惜哉；行诚孝而见贼③，履仁义而得罪，丧身以全④家，泯躯⑤而济国，君子不咎⑥也。自乱离已来，吾见名臣贤士，临难求生，终为不救，徒取窘辱，令人愤懑。侯景之乱，王公将相，多被戮辱，妃主姬妾，略无全者。唯吴郡太守张嵊⑦，建义不捷，为贼所害，辞色不挠⑧；及鄱阳王世子谢夫人，登屋诟⑨怒，见⑩射而毙。夫人，谢遵女也。何贤智操行若此之难？婢妾引决若此之易？悲夫！

注 释

①苟惜：以不正当手段爱惜。②慝（tè）：灾害；祸患。③贼：诋毁。④全：保全。⑤泯躯：捐躯。⑥咎（jiù）：责怪；怪罪。⑦张嵊（shèng）：字四山，曾经领兵讨伐侯景，兵败被杀。⑧辞色不挠：言辞和神色不屈服。⑨诟（gòu）：辱骂。⑩见：被。

译 文

人的生命不可以不爱惜，也不可以无原则地吝惜。踏上那危险可怕的道路，做下那招灾蒙难的事情，贪图肉欲而损伤身体，遭受谗言而枉送性命，在这些事情上，君子是爱惜他的生命的；如果是奉行忠孝而被诋毁，施行仁义而获罪责，舍身以保全家庭，捐躯以拯救祖国，那么，君子是不会抱怨的。自从乱离以来，我看见那些名臣贤士临难求生，终未获救，白白地自取羞辱，真是令人愤懑。在侯景之乱时，王公将相大都受辱被杀，妃主姬妾几乎没有得以保全的。只有吴郡太守张嵊兴师讨贼没有能够取胜，被贼军杀害，当他

兵败被俘之时，言辞神色毫无屈服的表现；还有鄱阳王世子萧嗣之妻谢夫人，登上房屋怒骂群贼，被箭射死。谢夫人是谢遵的女儿。为什么那些贤德智慧的官绅们坚守操行是如此困难，而那些婢女妻妾自杀成仁却是如此容易？真是可悲啊！

南北朝时期，道家逐渐趋向成熟。道教追求长生不老，得道成仙的思想也越来越流行。针对这种情况，作者列举了一些因服药养生而被药物所害的例子，指出真正的养生必须注意避祸，要将保养身体和修身立世结合起来。作者重视生命，但也主张不要贪生怕死，这种"生不可不惜，不可苟惜"的生命态度至今仍有可取之处。

侯景之乱

侯景之乱，又称太清之难，是指中国南北朝时期南朝梁将领侯景发动的武装叛乱事件。侯景本为东魏叛将，被梁武帝萧衍所收留，因对梁朝与东魏通好心怀不满，遂于548年以清君侧为名义而在寿阳（今安徽寿县）起兵叛乱，549年攻占梁朝都城建康（今江苏南京），将梁武帝活活饿死，掌控梁朝军政大权。侯景起兵后，相继拥立又废黜萧正德、萧纲（简文帝）和萧栋三个傀儡皇帝，最后于551年自立为帝，国号汉。梁湘东王萧绎在肃清其他宗室势力后，派徐文盛、王僧辩讨伐侯景，战局逐渐扭转；驻守岭南的陈霸先北上与王僧辩会师，于552年收复建康。侯景乘船出逃，被部下杀死，叛乱终于平息。侯景之乱后，江南地区的社会经济遭到毁灭性的破坏，加剧了南弱北强的形势。士族门阀在侯景之乱中不仅充分暴露了腐朽无能，而且受到了极其沉重的打击，从而大大加速了南朝士族的衰亡。

归心第十六

精彩导读

在《归心》篇中，作者所说的归心即为归于佛心。他是一个虔诚的佛教徒。他结合自己的体会谆谆告诫子孙：克己从善，修身养性；把握现在，来世图报。你对佛教有了解吗？你周围有没有信奉佛教的朋友？作者在本文阐述的观点对你有什么影响呢？让我们一起来研读吧！

原文

三世①之事，信而有征，家世归心②，勿轻慢也。其间妙旨，具诸经论③，不复于此，少能赞述；但惧汝曹犹未牢固，略重劝诱尔。

注释

①三世：佛教以过去、未来、现在为三世。②归心：从心里归附。这里是归心佛教之意。③经论：佛教以经、律、论为三藏。经为佛所自说，论是经义的解释，律即戒规。

译文

佛家所说的过去、未来、现在"三世"的事情是可靠而有根据的，我们家世代归心佛教，不能对此抱无所谓的态度。这佛教中精妙的内容都见于佛教的经、论中，我不用再在这里称美转述了；只是怕你们对佛教的信念还不够坚定，所以再对你们稍加劝勉诱导。

原文

原夫四尘五荫①，剖析形有；六舟②三驾③，运载群生：万行归空，千门入善，辩才智惠,岂徒《七经》④、百氏之博哉?明非尧、舜、周、孔所及也。内外两教,本为一体,渐积为异,深浅不同。内典⑤初门,设五种禁;外典⑥仁义礼智信,皆与之符。仁者,不杀之禁也;义者,不盗之禁也;礼者,不邪之禁也;智者,不酒之禁也;信者,不妄之禁也。至如畋狩军旅,燕享⑦刑罚,因民之性,不可卒除,就为之节,使不淫⑧滥尔。归周、孔而背释宗⑨,何其迷也!

注 释

①四尘五荫:佛教语。四尘是指色、香、味、触;五荫是指色、受、想、行、识。②六舟:佛教语。即"六度",又叫"六到彼岸"。指使人由生死的此岸渡到涅槃的彼岸的六种法门:布施、持戒、忍辱、精进、精虑(禅定)、智慧(般若)。③三驾:佛教以羊车喻声闻乘,鹿车喻缘觉乘,牛车喻菩萨乘,总称"三驾"。④七经:七部儒家经典。具体指《诗》《书》《礼》《易》《乐》《春秋》《论语》。⑤内典:佛教徒称佛经为内典。⑥外典:佛教徒称佛书以外的典籍为外典。⑦燕享:同"宴飨",帝王设宴招待群臣。⑧淫:过分。⑨释宗:佛教。因佛教的创始人为释迦牟尼,故称。

译 文

推究色、香、味、触四尘和色、受、想、行、识五荫的道理,剖析世间万物的奥秘,借助布施、持戒、忍辱、精进、静虑、智慧和六舟和声闻、缘觉、菩萨三驾去普度众生:让众生通过种种戒行,皈依于"空";通过种种法门,渐臻于善。难道其中的辩才和智慧只能与儒家的"七经"及诸子百家的广博相提并论吗?佛教的境界显然不是尧、舜、周公、孔子之道所能赶得上的。佛学作为内教,儒学作为外教,本来同为一体。两者教义中有区别的,深浅程度也不相同。佛教经典的初级阶段设有五种禁戒,而儒家经典所讲的仁、义、礼、智、信都与它们相合。仁就是不杀生的禁戒,义就是不偷盗的禁戒,礼就是不淫乱的禁戒,智就是不酗酒的禁戒,信就是不虚妄的禁戒。至于像狩猎、征战、饮宴、刑罚等行为,我们还得顺随着老百姓的天性,不能把它们一下子全部根除掉,只能让它们存在而有所节制,不至于过分发展。由此看来,那些皈依周公、孔子之道却违背佛教宗旨的人是多么糊涂啊!

原 文

俗之谤者,大抵有五:其一,以世界外事及神化无方为迂诞也。其二,以吉凶祸福

或未报应为欺诳也。其三，以僧尼行业多不精纯为奸慝也。其四，以糜费金宝减耗课役为损国也。其五，以纵有因缘①如报善恶，安能辛苦今日之甲，利益后世之乙乎？为异人也。今并释之于下云。

注 释

①因缘：佛教语。梵语"尼陀那"。意指产生结果的直接原因及促成这种结果的条件。

译 文

世俗诽谤佛教的说法，大致有以下五种情况：第一，认为佛教所说的现实世界之外的世界以及那些神奇诡异无法测定的事情是荒唐悖理的；第二，认为人的吉凶祸福未必就有相应的报应，佛教因果报应之说只是一种欺诈蒙骗的伎俩；第三，认为和尚、尼姑这个行当里的人多数不清白，佛院寺庙乃藏奸纳垢之所；第四，认为佛教耗费金银财宝，和尚、尼姑们不纳税，不服役，这是对国家利益的一种严重损害；第五，认为即使有因缘之事，也是善有善报，恶有恶报，怎么能够让今天的某甲含辛茹苦，以便让后世的某乙得到好处呢？这是不同的两个人啊。现在，我对上述五种情况一并做如下解释。

原 文

释一曰：夫遥大之物，宁可度量？今人所知，莫若天地。天为积气，地为积块，日为阳精，月为阴精，星为万物之精，儒家所安也。星有坠落，乃为石矣：精若是石，不得有光，性又质重，何所系属？一星之径，大者百里，一宿首尾，相去数万；百里之物，数万相连，阔狭从斜，常不盈缩。又星与日月，形色同尔，但以大小为其等差；然而日月又当石也？石既牢密，乌兔①焉容？石在气中，岂能独运？日月星辰，若皆是气，气体轻浮，当与天合，往来环转，不得错违，其间迟疾，理宜一等；何故日月五星②二十八宿，各有度数，移动不均？宁当气坠，忽变为石？地既滓浊，法应沉厚，凿土得泉，乃浮水上；积水之下，复有何物？江河百谷，从何处生？东流到海，何为不溢？归塘③尾闾，渫何所到？沃焦④之石，何气所然⑤？潮汐去还，谁所节度？天汉⑥悬指，那不散落？水性就下，何故上腾？天地初开，便有星宿；九州⑦未划，列国未分，剪疆区野，若为躔次⑧？封建已来，谁所制割？国有增减，星无进退，灾祥祸福，就中不差；乾象⑨之大，列星之伙，何为分野，止系中国？昂⑩为旄头，匈奴之次；西胡、东越，雕题、交址，独弃之乎？以此而求，讫无了者，当得以人事寻常，抑必宇宙外也？

注释

①乌兔：古代神话传说日中有乌，月中有兔。②五星：指金、木、水、火、土五大行星。③归塘：即归墟，传说为海中无底之谷。④沃焦：古代传说中东海南部的大石山。⑤然："燃"的本字。⑥天汉：即银河。⑦九州：传说中的我国中原上古行政区划。即为冀、兖、青、徐、扬、荆、豫、梁、雍。⑧躔（chán）次：日月星辰运行的轨迹。⑨乾象：天象。⑩昴（mǎo）：星名，二十八宿之一。

译文

我对第一种指责的解释是：对那些极远极大的东西，难道可以测量出来吗？现在人们所知道的最大的东西还没有超过天地的。天是云气堆积而成，地是土块堆积而成，太阳是阳刚之气的精华，月亮是阴柔之气的精华，星星是宇宙万物的精华，这是儒家所喜欢的说法。有时星星会从天上坠落下来，到地上就变成了石头。但是，如果这万物的精华是石头，就不应该有光亮，而且石头的特性又很沉重，靠什么把它们系挂在天上呢？一颗星星的直径，大的有一百里；一个星座从头到尾，相隔有数万里。直径一百里的物体，在天空数万里相连，它们形状的宽窄、排列的纵横竟然都保持一定而没有盈缩的变化。再说，星星与太阳、月亮相比，它们的形状、色泽都相同，只是大小有差别；既然如此，那么太阳、月亮也应当是石头吗？石头的特性既然是那样坚固，那三足乌和蟾蜍、玉兔又怎么会在石头中间存身呢？而且，难道石头能够在大气中自行运转吗？如果太阳、月亮和星星都是气体，那么气体很轻浮，它们就应当与天空合而为一，它们围绕大地来回环绕转动，就不应该相互错位，这运行中间速度的快慢，按理应该是一样的；但为什么太阳、月亮、五星、二十八宿，它们运行时各有各的度数，速度并不一致？难道它们作为气体，坠落的时候，就突然变成石头了吗？既然大地是浊气下降凝集成的物质，按理说应该是沉重而厚实的了；但如果往地下挖土，却能够挖出泉水来，说明大地是浮在水上的，那么，积水之下，又有些什么东西呢？长江、大河及众多的山泉，它们都是从哪里发源的？它们向东流入大海，那为什么不见海水溢出来？据说海水是通过归塘、尾闾排泄出去的，那最终它们又到何处去了呢？如果说海水是被东海沃焦山的石头烧掉的，那沃焦山的石头又是由什么点燃的呢？那潮汐的涨落是靠谁来节制调度？那银河悬挂在天空，为什么不会散落下来？水的特性是往低处流的，为什么又会上升到天空中去？天地初开的时候，就有星宿了，那时九州还没有划分，列国也还没有出现，那么，当时天上的星宿又是如何运行的呢？封邦建国以来，到底是谁在对它们进行分封割据呢？地上的国家有增有减，天上的星宿却没有发生什么改变，这中间，人世的吉凶祸福依然不断发生。天空如此之大，星宿如此之多，

为什么以天上星宿的位置来划分地上州郡的区域只限于中原一地呢？被称作旄头的昴星是代表胡人的，其位置对应着匈奴的疆域，那么，像西胡、东越、雕题、交趾这些地区就该被上天所抛弃吗？对上述种种问题进行探究，至今无人能弄明白，是否因为这些问题按人世间的寻常道理解释不了，而必须到宇宙之外寻求答案呢？

原文

释二曰：夫信谤之征，有如影响①；耳闻目见，其事已多，或乃精诚不深，业缘②未感，时傥差阑，终当获报耳。善恶之行，祸福所归。九流③百氏，皆同此论，岂独释典为虚妄乎？项橐④，颜回之短折，伯夷、原宪之冻馁⑤，盗跖、庄蹻⑥之福寿，齐景、桓魋⑦之富强，若引之先业⑧，冀以后生，更为通耳。如以行善而偶钟祸报，为恶而傥值福征，便生怨尤，即为欺诡；则亦尧、舜之云虚，周、孔之不实也，又欲安所依信而立身乎？

注释

①影响：影子与回声。②业缘：佛教指善业生善果、恶业生恶果的因缘。谓一切众生的境遇、生死都由前世业缘所决定。③九流：战国时期的九个学术流派。即儒家、道家、阴阳家、法家、名家、墨家、纵横家、杂家、农家。又有小说家一派，合为十家。④项橐（tuó）：春秋时期鲁国的一位神童，虽然只有七岁，但孔夫子依然把他当作老师一般请教，后世尊项橐为圣公。⑤冻馁：过分的寒冷与饥饿。⑥庄蹻（mèi）：战国人。楚庄王之后。⑦桓魋（mèi）：向眺。春秋时期宋大夫。⑧业：梵语"羯磨"。佛教谓在六道中生死轮回是由业决定的。业包括行动、语言、思想意识三个方面，分别指身业、口业、意业。

译文

我对第二种指责的解释是：我相信那些诽谤佛教因果报应之说的种种证据就好像影之随形、响之应声一样可以明白无误地加以验证。这类事，我耳闻目睹是非常之多的。有时报应之所以没有发生，或许是当事者的精诚还不够深厚，"业"与"果"还没有发生感应的缘故。倘若如此，则报应就有早迟的区别，但或迟或早，终归会发生的。一个人善与恶的行为将分别招致福与祸的报应。九流百家都持有与此相同的观点，怎么能单单认为佛经所说是虚妄的呢？像项橐、颜回的短命而死，伯夷、原宪的挨饿受冻，盗跖、庄蹻的有福长寿，齐景公、桓魋的富足强大，如果我们把这看成是他们前辈的善业或恶业的报应，或者把他们从善或为恶的报应寄托在他们的后代身上，那就说得通了。如果因为有人行善而偶然遭祸，为恶却意外得福，你便产生怨尤之心，认为佛教所说的因果报应只是一种欺诈蒙骗，那就好比说尧、舜之事是虚假的，周公、孔子也不可靠，那么你又能相信什么，你又凭什么去立身处世呢？

原文

释三曰："开辟已来①，不善人多而善人少，何由悉责其精洁乎？见有名僧高行，弃而不说；若睹凡僧流俗，便生非毁。且学者之不勤，岂教者之为过？俗僧之学经律②，何异世人之学《诗》《礼》？以《诗》《礼》之教，格朝廷之人，略无全行者；以经律之禁，格出家之辈，而独责无犯哉？且阙行之臣，犹求禄位；毁禁之侣，何惭供养③乎？其于戒行④，自当有犯。一披法服，已堕僧数，岁中所计，斋讲诵持，比诸白衣⑤，犹不啻山海也。

注释

①开辟已来：相传盘古开天辟地，指有天地以来。②经律：佛教徒称记述佛的言论的书叫经，记述戒律的书叫律。③供养：因佛教徒不事生产，靠人提供食物，故称为供养。④戒行：佛教指恪守戒律的操行。⑤白衣：因佛教徒穿黑衣，故称世俗之人为白衣。

译文

我对于第三种指责的解释是：自从开天辟地有了人类以来，不善良的人多，而善良的人少，怎么能够要求每一位僧人都是清白高尚的呢？有些人明明看见了那些名僧们的高尚德行，却将其抛在一边不予称扬；但若是看到那些平庸的僧人的粗俗行为，就竭力指责诋毁。况且，受学的人不用功，难道是教育者的过错吗？那些平庸的僧人学习佛经、戒律，与世人学习《诗》《礼》有什么不同？假如用《诗》《礼》中的教义来衡量朝廷中的官员，恐怕没有几个人是完全够格的；同样，用佛经、戒律中的禁条来衡量这些出家僧人，怎么能够唯独要求他们不犯过错呢？而且，那些缺乏道德的臣子们仍在那里追求高官厚禄；那些违犯禁条的僧侣们又何必对自己接受供养而感到惭愧呢？他们对于佛教的戒行自然难免有违犯的时候；但他们一旦披上法衣，就算进入了僧侣的行业，一年到头所干的事无非是吃斋念佛、讲经修行，比起世俗之人，其道德修养的差距又不只是山高海深那样

巨大了。

原文

释四曰：内教多途，出家自是其一法耳。若能诚孝在心，仁惠为本，须达^①、流水^②，不必剃落须发；岂令罄井田而起塔庙，穷编户以为僧尼也？皆由为政不能节之，遂使非法之寺，妨民稼穑，无业之僧，空国赋算，非大觉^③之本旨也。抑又论之：求道者，身计也；惜费者，国谋也。身计国谋，不可两遂。诚臣徇主而弃亲，孝子安家而忘国，各有行也，儒有不屈王侯高尚其事，隐有让王辞相避世山林；安可计其赋役，以为罪人？若能偕化黔首^④，悉入道场，如妙乐^⑤之世，穰佉^⑥之国，则有自然稻米，无尽宝藏，安求田蚕之利乎？

注释

①须达：为舍卫国给孤独长者的本名，是祇园精舍的施主。②流水：《金光明经》："流水长者见涸池中有十千鱼，遂将二十大象，载皮囊，盛河水置池中，又为称祝宝胜佛名。后十年，鱼同日升忉利天，是诸天子。"此举流水长者救鱼事，以为仁惠之证。③大觉：佛教语。指佛的觉悟。④黔首：老百姓。⑤妙乐：古代西印度国名。⑥穰（ráng）佉：印度古代神话中的国王名，即转轮王。

译文

我对第四种指责的解释是：佛教修持的方法有许多种，出家为僧只是其中一种。如果一个人能够把忠、孝放在心上，以仁、惠作为立身之本，像须达、流水两位长者所做的那样，也就不必非得剃掉头发胡须去当僧人不可了；又哪里用得着把所有田地都拿去盖宝塔、寺庙，让所有在册人口都去当和尚、尼姑呢？那都是因为执政者不能够节制佛事，才使得那些非法而起的寺庙妨碍了百姓的耕作，使得那些不事生计的僧人耗空了国家的税收，这就不是佛教大觉的本旨了。但我还是要强调一下，谈到追求真理，这是个人的打算；谈到珍惜费用，这是国家的谋划。个人的打算与国家的谋划是不可能两全其美的。作为忠臣，就应该以身殉主，为此不惜放弃奉养双亲的责任；作为孝子，就应该使家庭安宁和睦，为此不惜忘掉为国家服务的职责，因为两者各有各的行为准则啊。儒家中有不为王公贵族所屈、耿介独立、清高自许的人，隐士中有辞去王侯、丞相的职位到山林中远避尘世的人，我们又怎么能去算计这些人应承担的赋税，把他们当成逃避赋税的罪人呢？如果我们能够感化所有老百姓，使他们统统皈依佛教，就像佛经中所说的妙乐、转轮王等国度的情况一样，那就会有自然生长的稻米、数不尽的宝藏，哪里用得着再去追求种田、养蚕的微利呢？

原文

释五曰：形体虽死，精神犹存。人生在世，望于后身①似不相属；及其殁后，则与前身似犹老少朝夕耳。世有魂神，示现梦想，或降童妾，或感妻孥，求索饮食，征须福佑，亦为不少矣。今人贫贱疾苦，莫不怨尤前世不修功业；以此而论，安可不为之作地②乎？夫有子孙，自是天地间一苍生耳，何预身事？而乃爱护，遗其基址，况于己之神爽③，顿欲弃之哉？凡夫蒙蔽，不见未来，故言彼生与今非一体耳；若有天眼④，鉴其念念⑤随灭，生生⑥不断，岂可不怖畏邪？又君子处世，贵能克己复礼，济时益物。治家者欲一家之庆，治国者欲一国之良，仆妾臣民，与身竟何亲也，而为勤苦修德乎？亦是尧、舜、周、孔虚失愉乐耳。一人修道，济度几许苍生？免脱几身罪累？幸熟思之！汝曹若观俗计，树立门户，不弃妻子，未能出家；但当兼修戒行，留心诵读，以为来世⑦津梁。人生难得，无虚过也。

注释

①后身：佛教认为人死要转生，故有前身、后身之说。②为之作地：为他后身留有余地。③神爽：神魂，心神。④天眼：佛教所说五眼之一。即天趣之眼，能透视六道、远近、上下、前后、内外及未来等。⑤念念：指极短的时间。⑥生生：佛教指轮回。⑦来世：佛教谓人死后会重新投生，故称转生之事为来世。

译文

我对于第五种指责的答复是：虽然人的形体死去，但精神仍旧存在。人生活在世上时，觉得自己与来世的后身似乎没有什么关系，等到他死了以后，才发现自己与前身的关系就好像老人与小孩、清晨与傍晚的关系那样密切。世界上有死人的魂灵向亲人托梦的事，或托梦于他的童仆侍妾，或托梦于他的妻子儿女，向他们索要饮食，求取福佑，这类事是不少的。现在的人若是处在贫贱疾苦的境地，没有不怨恨前世不修功业的；就从这一点来说，怎么可以不早修功业，以便为来世留有余地呢？一个人有儿子、孙子，他与儿子、孙子各自都是天地间的黎民百姓，他们相互间有什么关系？而这个人尚且知道爱护他的儿孙们，把自己的房产基业留传给他们，何况对于自己本

人的魂灵怎可弃置而不顾呢？那些凡夫俗子们冥顽不灵，看不见未来之事，所以他们说来生、前生与今生不是同一个人。如果能够有一双透视未来的天眼，让这些人通过它照见自己的生命在一瞬间由诞生到消亡，又由消亡到诞生，这样生死轮回，连绵不断，难道他不感到害怕吗？再说，君子生活在这个世界上，贵在能够克制私欲，谨守礼仪，匡时救世，有益他人。作为管理家庭的人，就希望家庭能够幸福；作为治理国家的人，就希望国家能够昌盛。这些人与自己的仆人、侍妾、臣属、民众有什么亲密关系，值得他人这样卖力地为他们辛苦操持呢？也不过是像尧、舜、周公、孔子那样，是为了别人的幸福而牺牲个人的欢乐罢了。一个人修身求道可以救济多少苍生？免掉多少人的罪累呢？希望你们仔细考虑一下这个问题。你们若是顾及世俗的责任，要建立家庭，不抛弃妻子儿女，以至不能出家为僧，也应当修养品性，恪守戒律，留心佛经的诵读，把这些作为通往来世幸福的桥梁。人生是非常宝贵的，且可不要虚度啊！

原　文

儒家君子，尚离庖厨，见其生不忍其死，闻其声不食其肉①。高柴②、折像③，未知内教，皆能不杀，此乃仁者自然用心。含生之徒，莫不爱命；去杀之事，必勉行之。好杀之人，临死报验，子孙殃祸，其数甚多，不能悉录耳，且示数条于末。

注　释

①"儒家"四句本自《孟子·梁惠王上》："君子之于禽兽也，见其生，不忍见其死；闻其声，不忍食其肉。是以君子远庖厨也。"②高柴：春秋时期齐文公十八世孙高柴，字子羔，又称子皋。齐国人，孔子弟子。③折像：《后汉书·方术传》："折像幼有仁心，不杀昆虫，不折萌芽。"

译　文

儒家的君子都远离厨房，因为他们若是看见那些禽兽活着时的样子，就不忍心看见它们被杀掉；他们若是听见禽兽的惨叫声，就吃不下它们的肉。像高柴、折像这两个人，他们并不了解佛教的教义，却都不愿意杀生，这就是仁慈的人天生的善心。凡是有生命的东西，没有不爱惜它的生命的；关于不杀生的事，你们一定要努力做到。好杀生的人，临死会受到报应，子孙也跟着遭殃，这类事情很多，我不能全部记录下来，现在姑且抄示几条于本章之末。

原文

梁世有人，常以鸡卵白和沐，云使发光，每沐辄二三十枚。临死，发中但闻啾啾数千鸡雏声。

译文

梁朝的时候有一个人常常拿鸡蛋清和在水里洗头发，说这样可使头发光亮，每洗一次就要用去二三十枚鸡蛋。到他临死的时候，只听见头发中传出几千只雏鸡的啾啾叫声。

原文

江陵刘氏，以卖鳝①羹为业。后生一儿头是鳝，自颈以下，方为人耳。

注释

①鳝：通称黄鳝、鳝鱼，其体细长，黄色有黑斑，肉可食。

译文

江陵的刘氏以卖鳝鱼羹为生。后来他有了一个小孩，长了一个鳝鱼头，从颈部以下才是人形。

原文

王克为永嘉郡守，有人饷羊，集宾欲燕。而羊绳解，来投一客，先跪两拜，便入衣中。此客竟不言之，固无救请。须臾，宰羊为羹，先行至客。一脔①入口，便下皮内，周行遍体，痛楚号叫；方复说之。遂作羊鸣而死。

注 释

①脔（luán）：切成块的肉。

译 文

　　王克任永嘉太守的时候，有人送他一只羊，他就邀集宾客来打算举办一个宴会。等把羊牵出来时，那羊突然挣脱绳子，奔到一位客人面前，先跪下拜了两拜，便钻到客人衣服里去了。这位客人竟然一言不发，坚持不为这只羊求情。一会儿，那只羊就被拉去宰杀后做成肉羹端了上来，那肉羹先送到这位客人面前。他挟起一块羊肉才送入口中，像是有种毒素进了皮内，在全身运行，这位客人痛苦号叫，方才开口说此情况。却是发出阵阵羊叫声而死去了。

原 文

世有痴人，不识仁义，不知富贵并由天命。为子娶妇，恨其生资不足，倚作舅姑①之尊。蛇虺其性，毒口加诬，不识忌讳，骂辱妇之父母，却成教妇不孝己身，不顾他恨。但怜己之子女，不爱己之儿妇。如此之人，阴纪②其过，鬼夺其算③。慎不可与为邻，何况交结乎？避之哉！

注 释

①舅姑：丈夫的父母。②纪：同"记"。记载。③算：寿命。

译 文

世间有一种愚痴人，不懂得仁义，也不知道富贵皆由天命。他为儿子娶媳妇，恨那媳妇的嫁妆太少，仗着自己当公公婆婆的尊贵身份，怀着毒蛇一样的心性，对媳妇恶意辱骂，一点不懂得忌讳，甚至谩骂侮辱媳妇的父母，其实，这反而是教媳妇不用孝顺自己，也不顾她的怨恨。这种人只知道疼爱自己的子女，却不知道爱护自己的儿媳。像这种人，阴曹会把他的罪过记载下来，鬼神也会减掉他的寿命。你们千万不可与这种人做邻居，更何况与这种人交朋友呢？还是躲他远点吧！

精彩点拨

本篇名为《归心》，是归于佛心虔诚之意。作者在本篇叙述了自己对佛教的虔诚，他认为佛教与儒学多有相契之处，两者可融合。他针对时人对佛教的诘难，从五个方面展开论述，维护佛教思想，并告诫子孙要坚持持戒修行，不可虚度生命。不过其中因果报应思想的例子颇为荒唐，我们要奉行鲁迅的"拿来主义"，只取其精华。颜之推一生命途多舛，崇尚佛教让他有了精神的寄托和依赖。由此可见，宗教给予人的虔诚与念力是黑暗里的一道光。颜之推认为"善恶之行，祸福所归。九流百氏，皆同此论"。故此，无论读者是否拥有宗教信仰，把导人向善作为立身处世的信念。无论是儒家的"耻感文化"，还是佛教的"因果报应"，两者都导人向善，前者以世俗的看法"监视"人类的道德，后者以宗教轮回操控人心，这对于维护社会的伦理道德都是有一定作用的。

列子

　　《列子》，又名《冲虚经》，属于道家的一部经典著作。其思想主旨近于老庄，追求一种冲虚自然的境界。在《冲虚经》的种种名言及寓言故事里都体现了道家对精神自由的心驰神往。而它宏阔的视野、精当的议论和优美的文笔又使人领略到子学著述隽秀、凝炼而警拔的散文之美。《列子》的每篇文字，不论长短，都自成系统，各有主题，反映睿智和哲理，浅显易懂，饶有趣味，只要我们逐篇阅读，细细体会，就能获得教益。

书证第十七

精彩导读

　　本篇主要是对经、史、文章所做的零星考证，内容丰富。作者撰写本篇的主要目的意在告诫子孙：读书要广，学问要深，对于一个问题的解决，要三思而后定结论，不可盲目，不可草率。本篇研究、处理问题的方法还是值得我们借鉴的。让我们在仔细研读的过程中来吸取其所富含的营养吧！

原文

　　《诗》云："参差①荇菜②。"《尔雅》云："荇，接余也。"字或为"莕"③。先儒解释皆云："水草，圆叶细茎，随水浅深。今是水悉有之，黄花似莼④，江南俗亦呼为'猪莼'，或呼为'荇菜'。"刘芳⑤具有注释。而河北俗人多不识之，博士⑥皆以参差者是苋菜⑦，呼"人苋"为"人荇"，亦可笑之甚。

注释

　　①参差：长短不齐。②荇（xìng）菜：多年水生草本植物。嫩时可食，也可入药。③莕（xìng）：荇。④莼（chún）：水葵。⑤刘芳：字伯文，北魏彭城人。曾撰《毛诗笺音义证》十卷。⑥博士：学识渊博，贯通古今的人。⑦苋（xiàn）菜：一年生草本植物。叶有绿、紫两色，花黄绿色，嫩苗可食用。

译文

　　《诗经》上说："参差荇菜。"《尔雅》解释说："荇菜，就是接余。"有时"荇"字也写作"莕"，前代学者们的解释都说：荇菜是一种水草，圆叶细茎，其高低随水的深浅而定，现在凡是有水的地方都有它，它那黄色的花就像水葵，江南民间也称

它叫猪莼，也有人叫它荞菜。后魏的刘芳对此都有注释。而河北地区的人大都不认识它，博士们都把《诗经》中所说的"参差荇菜"认作苋菜，把人苋叫作人荇，也确实非常可笑了。

原文

《诗》云："谁谓荼苦①？"《尔雅》《毛诗传》并以荼，苦菜也。又《礼》云："苦菜秀。"案：《易统通卦验玄图》②曰："苦菜生于寒秋，更冬历春，得夏乃成。"今中原苦菜则如此也。一名"游冬"，叶似苦苣而细，摘断有白汁，花黄似菊。江南别有苦菜，叶似酸浆③，其花或紫或白，子大如珠，熟时或赤或黑，此菜可以释劳。案：郭璞④注《尔雅》，此乃"蘵"⑤，黄蒢也。今河北谓之"龙葵"。梁世讲《礼》者，以此当苦菜；既无宿根，至春方生耳，亦大误也。又高诱⑥注《吕氏春秋》曰："荣⑦而不实曰英。"苦菜当言英，益知非龙葵也。

注释

①谁谓荼苦：见《诗·邶风·谷风》。②《易统通卦验玄图》：此书《隋书·经籍志》著录，未著撰人。③酸浆：草名。④郭璞：字景纯，河东闻喜（今属山西）人。东晋文学家、训诂学家。⑤蘵（bǐng）：蘵草，叶似酸浆，花小而白，中心黄，江东以作菹食。⑥高诱：东汉涿郡涿（今河北涿县）人。著有《吕氏春秋注》等。⑦荣：开花。

译文

《诗经》上说："谁谓荼苦？"《尔雅》《毛诗传》都以荼为苦菜。此外，《礼记》上说："苦菜秀。"按：《易统通卦验玄图》上说："苦菜生长于寒冷的秋天，经冬历春，到夏天就长成了。"现在中原一带的苦菜就是这样的。它又名游冬，叶子像苦苣而比苦苣细小，摘断后有白色的汁液，花黄色像菊花。江南一带另外有一种苦菜，叶子像酸浆草，它的花有的紫，有的白，结的果实有珠子那么大，成熟时，其颜色有的红，有的黑。这种菜可以消除疲劳。按：郭璞注的《尔雅》中，认为这种苦菜就是蘵草，即黄蒢。现在河北一带把它叫作龙葵。梁朝讲解《礼记》的人把它当作中原的苦菜，它既没有隔年的宿根，又是在春天才生长，这也是一个大的误释。另外高诱在《吕氏春秋》注文中说："只开花不结实的叫英。"苦菜的花就应当叫作英，由此更说明它不是龙葵。

原文

《月令》①云：“荔挺出。”郑玄注云：“荔挺，马薤②也。”《说文》云：“荔，似蒲③而小，根可为刷。”《广雅》④云：“马薤，荔也。”《通俗文》亦云马蔺。《易统通卦验玄图》云：“荔挺不出，则国多火灾。”蔡邕⑤《月令章句》云：“荔似挺。”高诱注《吕氏春秋》云：“荔草挺出也。”然则《月令》注荔挺为草名，误矣。河北平泽率生之。江东颇有此物，人或种于阶庭，但呼为“旱蒲”，故不识马薤。讲《礼》者乃以为马苋；马苋堪食，亦名豚耳，俗名马齿。江陵尝有一僧，面形上广下狭；刘缓幼子民誉，年始数岁，俊晤⑥善体物，见此僧云：“面似马苋。”其伯父绰因呼为“荔挺法师”。绰亲讲《礼》名儒，尚误如此。

注 释

①《月令》：《礼记》篇名。②马薤（xiè）：草本植物名。③蒲：草本植物名。④《广雅》：训诂书。⑤蔡邕（yōng）：东汉文学家、书法家。⑥俊晤：亦作“俊悟”。聪明卓异。

译 文

《月令》说：“荔挺出。”郑玄作的注释说：“荔挺就是马薤。”《说文解字》说：“荔像蒲而较小，根可做刷子。”《广雅》说：“马薤就是荔。”《通俗文》也称它为马蔺。《易统通卦验玄图》说：“荔草茎儿长不出，则国家多火灾。”蔡邕的《月令章句》说：“荔草以它的茎儿冒出地面。”高诱注释《吕氏春秋》说：“荔草的茎儿冒出来。”这样看来，郑玄的《月令注》把“荔挺”作为草名是错误的了。这种草在河北地区的沼泽地带到处都有。江东地区则少有此物，有的人把它种在阶庭内，只不过称它为旱蒲，所以就不知道马薤这个名字。讲解《礼记》的人竟把它当成马苋；马苋是可以吃的，也叫作豚耳，俗名叫马齿。江陵曾经有一位僧人，脸形上宽下窄；刘缓的小儿子叫民誉，才几岁，却异常聪明，善于描摹事物，他看见这位僧人就说：“他的脸像马苋。”民誉的伯父刘绰因此就称呼这位僧人叫“荔挺法师”。刘绰本人就是讲解《礼记》的有名学者，尚且会有这样的误解。

原文

《诗》云："将其来施施。"《毛传》云："施施，难进之意。"郑《笺》①云："施施，舒行貌也。"《韩诗》②亦重为"施施"。河北《毛诗》皆云"施施"。江南旧本，悉单为"施"，俗遂是之，恐为少误。

注释

①郑《笺》：郑玄对《毛诗》的注释。②《韩诗》：《诗》今文学派之一，汉初韩婴所传。

译文

《诗经》说："将其来施施。"《毛传》说："施施，难以前进的意思。"郑玄《笺》说："施施，缓缓行走的样子。"《韩诗外传》也是重叠为"施施"二字。河北本《毛诗》都写作"施施"。江南过去的《诗经》版本全都单写作"施"，于是众人就认可了它，这恐怕是个小小的错误。

原文

《礼》云："定犹豫，决嫌疑①。"《离骚》曰："心犹豫而狐疑。"先儒未有释者。案：《尸子》②曰："五尺大为犹。"《说文》云："陇西谓犬子为犹。"吾以为人将犬行，犬好豫在人前，待人不得，又来迎候，如此返往，至于终日，斯乃"豫"之所以为未定也，故称"犹豫"。或以《尔雅》曰："犹如麂③，善登木。"犹，兽名也，既闻人声，乃豫缘木，如此上下，故称"犹豫"。狐之为兽，又多猜疑，故听河冰无流水声，然后敢渡。今俗云："狐疑，虎卜④。"则其义也。

注释

①定犹豫，决嫌疑：《礼记·曲礼》："定犹豫，决嫌疑。"②《尸子》：书名。《隋书·经籍志》："《尸子》二十卷，秦相卫鞅上客尸佼撰。"③麂（jǐ）：一种小型鹿类动物。④虎卜：卜筮的一种。传说虎能以爪画地，观奇偶以卜食，后人效之为一种卜术，称虎卜。

译文

《礼经》说："定犹豫，决嫌疑。"《离骚》说："心犹豫而狐疑。"前代学者没有进行解释的。按：《尸子》说："五尺长的狗叫作犹。"《说文解字》说："陇西把犬子叫作犹。"我认为人带着狗行走，狗喜欢预先走在人的前面，等人等不到，又返回来迎候，像这样来来去去，直到一天结束，这就是"豫"字具有游移不定的含义的原因，所以叫作犹豫。也有的人根据《尔雅》的说法："犹的样子像麂，善于攀登树木。"犹是一种野兽的名称，听到人声后，就预先攀援树木，像这样上上下下，所以叫作犹豫。狐狸作为一种野兽，性多猜疑，要听到河面冰层下没有流水声，然后才敢渡河。今天的俗语说："狐疑，虎卜。"就是这个含义。

原文

《左传》曰："齐侯①痎，遂痁。"《说文》云："痎，二日一发之疟。痁，有热疟也。"案：齐侯之病，本是间日一发，渐加重乎故，为诸侯忧也。今北方犹呼"痎疟"，音"皆"。而世间传本多以"痎"为"疥"，杜征南②亦无解释，徐仙民音"介"，俗儒③就为通云："病疥④，令人恶寒，变而成疟。"此臆说也。疥癣小疾，何足可论，宁有患疥转作疟乎？

注释

①齐侯：指齐景公。②杜征南：即杜预，字元凯。西晋人。位征南大将军，撰有《春秋左氏经传集解》。③俗儒：浅陋迂腐的儒士。④疥（jiè）：疥疮，即由疥虫引起的皮肤传染病。

译文

《左传》说："齐侯痎，遂痁。"《说文》说："痎是两天发作一次的疟疾。痁是有热度的疟疾。"按：齐侯的病本来是两天发作一次，较原来逐渐加重，所以成了诸侯忧虑的事。现在北方仍然叫作痎疟，发音为"皆"。而世间的传本大多把"痎"写作"疥"，杜预也没有做解释，徐仙民注音作"介"，浅薄的学者依照这个说法为之疏通说："患了疥疮，使人产生畏寒的症状，于是就转变成了疟疾。"这是一种想当然的说法。疥癣这种小毛病有什么值得说的，难道会有生疥疮而转变成疟疾的吗？

原 文

　　《尚书》曰："惟影响①。"《周礼》云："土圭②测影，影朝影夕。"《孟子》曰："图影③失形。"《庄子》云："罔两问影。"如此等字，皆当为"光景"④之"景"。凡阴景者，因光而生，故即谓为"景"。《淮南子》呼为"景柱"⑤，《广雅》云："晷柱⑥挂景。"并是也。至晋世葛洪《字苑》，傍始加"彡"，音于景反。而世间辄改治《尚书》《周礼》《庄》《孟》从葛洪字，甚为失矣。

注 释

　　①影响：影子和回声。②土圭（guī）：古代用以测日影、正四时和测度土地的器具。③图影：画面上的景物。④光景：光和阴影。景，后作"影"。⑤景柱：即影柱。古代测日影、定时刻的表柱。⑥晷柱：即晷表，日晷上测量日影的标竿。

译 文

　　《尚书》说："惟影响。"《周礼》说："土圭测影，影朝影夕。"《孟子》说："图影失形。"《庄子》说："罔两问影。"像这些"影"字都应当作光景的"景"。凡是阴景，都是因为有光才产生的，所以就叫作景。《淮南子》称为景柱，《广雅》说："晷柱挂景。"都是这样的。到了晋代葛洪的《字苑》中，才开始在旁边加"彡"，注音为"於景反"。而世上的人就把《尚书》《周礼》《庄子》《孟子》中的"景"字改从葛洪《字苑》中的"影"字，这是十分错误的。

原 文

　　太公《六韬》①，有天陈、地陈、人陈、云鸟之陈。《论语》曰："卫灵公问陈于孔子。"《左传》："为鱼丽之陈②。"俗本多作"阜傍""车乘"之"车"。案诸陈队，并作"陈、郑"之"陈"。夫行陈之义，取于陈列耳，此六书③为假借也，《苍》④、《雅》及近世字书，皆无别字；唯王羲之《小学章》，独"阜"傍作"车"，纵复俗行，不宜追改《六韬》《论语》《左传》也。

注 释

　　①《六韬》：古代兵书名。分为《文韬》《武韬》《龙韬》《虎韬》《豹韬》

《犬韬》。②鱼丽之陈：军阵名。③六书：古人分析汉字造字的理论。即象形、指事、会意、形声、转注、假借。④《苍》：《仓颉篇》。

译文

姜太公的《六韬》有天陈、地陈、人陈、云鸟之陈。《论语》说："卫灵公问陈于孔子。"《左传》说："为鱼丽之陈。"俗本多写作"阜"字旁加车乘的"车"字。按：以上几个陈队都写作陈国、郑国的"陈"。行陈的含义是从"陈列"这个词中取用过来的，这在六书中就是假借，《仓颉篇》《尔雅》以及近世的字书都没有写成别的字；只有王羲之的《小学章》中，唯独是"阜"旁加"车"字，即使俗体流行，也不应该追改《六韬》《论语》《左传》中的"陈"字作"阵"字。

原文

《易》有蜀才注，江南学士，遂不知是何人。王俭①《四部目录》，不言姓名，题云："王弼②后人。"谢灵、夏侯该③，并读数千卷书，皆疑是谯周④；而《李蜀书》，一名《汉之书》，云："姓范名长生，自称蜀才。"南方以晋家渡江⑤后，北间传记，皆名为"伪书"，不贵省读⑥，故不见也。

注释

①王俭：南齐琅邪临沂人，字仲宝。曾任秘书丞等职。撰有《七志》《元徽四部书目》等书。②王弼（bì）：三国魏山阳人，字辅嗣。曾任尚书郎。著有《道略论》，并注《易》《老子》。③夏侯该：此人应为撰《汉书音》《四声韵略》的夏侯泳，为南朝梁人。④谯周：三国蜀巴西西充国人，字允南。著有《法训》《五经论》《古史考》等百余篇。⑤晋家渡江：指西晋灭亡后，司马睿在长江以南的建康（今江苏南京）建立东晋王朝。⑥省读：阅读。

译文

《易经》有蜀才作注的本子，江南的学士竟然不知道蜀才是什么人。王俭的《四部目录》中也没有谈他的姓名，写作："王弼后人。"谢灵、夏侯该都是读了数千卷书的人，他俩都怀疑这人是谯周；而《蜀李书》（一名《汉之书》）上说："这人姓范，名长

生，自称蜀才。”在南方，因为晋朝渡江之后，北方的传记都被指为伪书，人们不重视阅读它们，所以没见到这段文字。

原文

《汉书》：“田肎贺上。”江南本皆作“宵”字。沛国刘显[①]，博览经籍，偏精班《汉》，梁代谓之《汉》圣。显子臻[②]，不坠家业。读班史[③]，呼为“田肎”。梁元帝尝问之，答曰：“此无义可求，但臣家旧本，以雌黄改‘宵’为‘肎’。”元帝无以难之。吾至江北，见本为“肎”。

注释

①刘显：字嗣芳，沛国相人。以精研《汉书》著称。《梁书》有传。②显子臻：《梁书·刘显传》：“显有三子：莠、荏、臻。臻早著名。”又刘臻在《隋书·文学》有传。③班史：指班固的《汉书》。

译文

《汉书》说：“田肎贺上。”江南的版本都把“肎”写作“宵”字。沛国人刘显博览经籍，特别精研班固的《汉书》，梁代称他为《汉》圣。刘显的儿子刘臻不失家传儒业。他读班固的《汉书》时，读作“田肎”。梁元帝曾经就这个问题问过他，他回答说：“这没有什么含义可求，只是因为我家里传下的旧本中，用雌黄把‘宵’字改成了‘肎’字。”梁元帝也没办法难住他。我到江北时，看见那里的版本就写作“肎”。

原文

简“策”[①]字，“竹”下施“朿”[②]，末代隶书[③]，似杞、宋之“宋”[④]，亦有“竹”下遂为“夹”者，犹如“刺”字之傍应为“朿”，今亦作“夹”。徐仙民《春秋》《礼音》，遂以“筴”为正字，以“策”为音，殊为颠倒。《史记》又作“悉”字，误而为“述”，作“妬”字，误而为姤，裴、徐、邹[⑤]皆以“悉”字音“述”，以“妬”字音“姤”。既尔，则亦可以“亥”为“豕”字音，以“帝”为“虎”字音乎?

注释

①简策：编连成册的竹简。②朿：音次。③隶书：字体名。由篆书简化演变而成。

始于秦代，普遍使用于汉魏。④杞、宋：春秋时期的两个国名。⑤裴：即裴骃，字龙驹。徐：即徐广，字野民。邹：即邹诞生。

译文

　　简策的"策"字是"竹"下面加一个"朿"，后代的隶书写得就像杞国、宋国的"宋"字，也有在"竹"下加一个"夹"字的；就像"刺"字的偏旁应该是"朿"，现在也写成"夹"一样。徐仙民的《春秋左氏传音》《礼记音》就是以"莢"为正字，以"策"作读音，完全弄颠倒了。《史记》又在写"悉"字时，误写成"述"，在写"姤"字时，误写成"姤"，裴骃、徐广、邹诞生都用"悉"字给"述"字注音，用"姤"字给"姤"字注音。既然这样，难道也可以用"亥"字为"豕"字注音，以"帝"字为"虎"字注音吗？

原文

　　《太史公记》①曰："宁为鸡口，无为牛后。"此是删②《战国策》耳。案：延笃③《战国策音义》曰："尸，鸡中之主。从，牛子。"然则，"口"当为"尸"，"后"当为"从"，俗写误也。

注释

　　①《史太公记》：汉、魏、南北朝人称司马迁的《史记》为《太史公记》。②删：节取，采取。③延笃：字叔坚。汉南阳人。博通经传及百家之言，以文章名于时。

译文

　　《史记》说："宁为鸡口，无为牛后。"这是节取《战国策》中的文字。按：延笃的《战国策音义》说："尸，鸡中之主。从，牛子。"这样看来，鸡口的"口"字应当作"尸"字，牛后的"后"字应当作"从"字，世俗流行的写法是错误的。

原文

　　太史公①论英布曰："祸之兴自爱姬，生于妒媚，以至灭国。"又《汉书·外戚

传》亦云："成结宠妾妒媢之诛[2]。"此二"媢"并当作"媢[3]"，媢亦妒也，义见《礼记》《三苍》。且《五宗世家》亦云："常山宪王[4]后妒媢。"王充《论衡》云："妒夫媢妇生，则忿怒斗讼。"益知"媢"是"妒"之别名。原英布之诛为意[5]贲赫耳，不得言"媢"。

译 文

《史记》中太史公评论英布说："祸之兴自爱姬，生于妒媢，以至灭国。"另外，《汉书·外戚传》也说："成结宠妾妒媢之诛。"这两个"媢"字都应当作"媢"字，"媢"也就是"妒"，这个字的含义见于《礼记》《三苍》。况且《史记·五宗世家》也说："常山宪王后妒媢。"王充《论衡》说："妒夫媢妇生，则忿怒斗讼。"更可明白"媢"是"妒"的别名。推究英布被杀的原因，是由于他怀疑贲赫，因此不能说成"媢"。

原 文

《汉书》云："中外禔[1]福。"字当从"示"。禔，安也，音"匙匕"之"匙"，义见《苍》《雅》[2]《方言》。河北学士皆云如此。而江南书本[3]，多误从"手"[4]，属文者对耦[5]，并为"提挈"之意，恐为误也。

'误'字衍。"⑤对耦：也作"对偶"。指字句两两相对，以加强语言的表达效果。

译 文

《汉书》说："中外褆福。""褆"字应当从"礻"。褆，安的意思，发音是匙匕的"匙"，其含义见于《三苍》《尔雅》《方言》。河北的学士都说是这样的。而江南的写本中，这个字多从手，撰写文章的人写对偶句时，都把它当成提挈的意思，这恐怕是错的。

原 文

《汉·明帝纪》①："为四姓小侯立学②。"按：桓帝加元服③，又赐四姓及梁、邓小侯帛，是知皆外戚④也。明帝时，外戚有樊氏、郭氏、阴氏、马氏为四姓。谓之小侯者，或以年小获封，故须立学耳。或以侍祠⑤猥朝，侯非列侯⑥，故曰小侯，《礼》云："庶方小侯⑦。"则其义也。

注 释

①《汉明帝记》：此应为《后汉书·明帝纪》。赵曦明曰："'汉'上当有'后'字。"②小侯：旧时称功臣子孙或外戚子弟之封侯者为小侯。李贤注引袁宏《后汉纪》曰："又为外戚樊氏、郭氏、阴氏、马氏诸子弟立学，号四姓小侯，置'五经'师。以非列侯，故曰小侯。"立学：设置学校。③元服：指冠。古称行冠礼为加元服。④外戚：指帝王的母族、妻族。⑤侍祠：侍祠侯。应劭《汉官典职》有四姓侍祠侯。⑥列侯：诸侯。指王子封为侯者。⑦庶方小侯《礼记·曲礼下》："庶方小侯，人天子之国曰某人，于外曰子，自称曰孤。"

译 文

《后汉书·明帝纪》说："为四姓小侯立学。"按：汉桓帝行冠礼，又赐给四姓及梁、邓小侯丝帛，由此知道他们都是外戚。汉明帝的时候，外戚有樊氏、郭氏、阴氏、马氏这四姓。把他们称为小侯的原因可能是由于年纪尚小就获得封爵，因此还须立学。有人以为他们属侍祠侯猥朝侯，因此这些个侯不是封于王子之列的诸侯，所以叫作小侯，《礼记》说："庶方小侯。"就是它的含义。

原 文

《后汉书》云："鹳雀衔三鳝①鱼。"多假借为"鳣鲔"②之"鳣"；俗之学士，因谓之为"鳣鱼"。案：魏武《四时食制》："鳣鱼大如五斗奁③，长一丈。"郭璞注《尔雅》："鳣长二三丈。"安有鹳雀能胜一者，况三乎？鳣又纯灰色，无文章也。鳝鱼长者不过三尺，大者不过三指，黄地黑文，故都讲④云："蛇鳝，卿大夫服之象⑤也。"《续汉书》及《搜神记》⑥亦说此事，皆作"鳝"字。孙卿⑦云："鱼鳖鳅鳣。"及《韩非》《说苑》皆曰："鳣似蛇，蚕似蠋⑧。"并作"鳣"字。假"鳣"为"鳝"，其来久矣。

注 释

①鳝：黄鳝。此字原作"鳝"，为"鳝"的异体字。②鲔（wěi）：即鲟鱼。③奁（lián）：古代盛放梳妆用品的器具，做成圆形、长方形或多边形。④都讲：弟子中成绩优良者。⑤象：征象。⑥《续汉书》：晋秘书监司马彪撰。《搜神记》：志怪之书。晋干宝撰。⑦孙卿：即荀卿。⑧蠋：鳞翅目昆虫的幼虫。青色，似蚕，大如手指。

译 文

《后汉书》说："鹳雀口衔三条鳝鱼。"这个"鳝"字大多假借为鳣鲔的"鳣"字。那些世俗的学者因此而称呼它为鳣鱼。按：魏武《四时食制》说："鳣鱼大如五斗奁，长度为一丈。"郭璞在《尔雅》注文中说："鳣鱼长度为二三丈。"哪里会有鹳雀能够衔得起一条鳣鱼的，何况是三条呢？而且鳣鱼是纯灰色，身上没有花纹。鳝鱼长的不过三尺，大的粗细不超过三指，黄的底色，黑的花纹，所以弟子中成绩优良者说："蛇鳝是卿大夫衣服的征象。"《续汉书》及《搜神记》也说到此事，都写作"鳝"字。荀卿说："鱼鳖鳅鳣。"以及《韩非子》《说苑》都说："鳣像蛇，蚕像蠋。"都写作"鳣"字。假借"鳣"作"鳝"由来已久了。

原 文

《后汉书·杨由传》云："风吹削肺①。"此是削札牍之柿耳。古者，书误则削之，故《左传》云"削而投之"是也。或即谓"札"②为"削"，王褒《童约》曰："书削代牍③。"苏竟④书云："昔以摩研编削之才。"皆其证也。《诗》云："伐木浒浒⑤。"

毛《传》云："浒浒，柿貌也。"史家假借为"肝肺"字，俗本因是悉作"脯腊"之"脯"，或为"反哺"⑥之"哺"。学士因解云："削哺，是屏障之名。"既无证据，亦为妄矣！此是风角⑦占候耳。《风角书》⑧曰："庶人风者，拂地扬尘转削。"若是屏障，何由可转也？

注释

①削肺：即削札牍时削下的碎片。②札：古代书写用的小而薄的木片。③牍：古代写字用的木板。④苏竟：字伯况，扶风平陵人。⑤浒浒：伐木声。⑥反哺：鸟雏长成，衔食喂养其母。⑦风角：古代占候之术。⑧《风角书》：讲风角占候之书。

译文

《后汉书·杨由传》说："风吹削肺。"这个"肺"就是削札牍的"柿"。古时候，字写错了就把它刮削掉，所以《左传》说"削而投之"就是这个意思。也有把"札"叫作"削"的，王褒《童约》说："书削代牍。"苏竟的信中说："昔以摩研编削之才。"都是"札"作"削"的证据。《诗经》说："伐木浒浒。"毛《传》解释说："浒浒，柿貌也。"史官们用假借之法把"柿"字改成了肝肺的"肺"字，世上流行的版本又据此全都写成了脯腊的"脯"字，或者写作反哺的"哺"字。学者们因此解释《后汉书》中的"削哺"一词说："削哺，是屏障之名。"这种解释既无证据，也只能算是主观臆测了。"风吹削哺"讲的是风角占候。《风角书》上说："'庶人风者，拂地扬尘转削。"如果"削"是指屏障，又怎么可能转动呢？

原文

《晋中兴书》①："太山②羊曼③，常颓纵任侠，饮酒诞节④，兖州号为'䵂伯'⑤。"此字皆无音训。梁孝元帝常谓吾曰："由来不识。唯张简宪⑥见教⑦，呼为'嘘羹'⑧之'嘘'。自尔便遵承之，亦不知所出。"简宪是湘州刺史张缵谥也，江南号为硕学⑨。案：法盛世代殊近，当是耆老⑩相传；俗间又有"䵂䵂"⑪语，盖无所不施，无所不容之意也。顾野王⑫《玉篇》误为"黑""傍""沓"。顾虽博物，犹出简宪、孝元之下，而二人皆云重边。吾所见数本，并无作"黑"者。"重沓"是多饶积厚之意，从"黑"更无义旨。

注 释

①《晋中兴书》：南朝宋何法盛所撰，全书共七十八卷，一作八十卷。何法盛在宋孝武帝时期为奉朝请，校书东宫。②太山：即泰山。③羊曼：字祖延，晋代人。为人不拘礼法。④诞节：放纵而不拘小节。⑤鰈（tà）伯：放纵豁达之人。⑥张简宪：即张缵，字伯绪，谥号简宪。⑦见教：教导我。见，用在动词前，指称自己。⑧噈（tà）羹：吃羹时不加咀嚼连菜吞下。⑨硕学：博学的人。硕，大。⑩耆（qí）老：老年人。耆，古代六十岁称耆，也泛指年纪大。⑪鰈：重复，重叠。⑫顾野王：南朝陈人，精通经史，著有《玉篇》三十卷。

译 文

《晋中兴书》说："曾经太山的羊曼为人疏慢放纵、扶弱济贫，好酒贪杯、漫无节制，兖州那里的人把他称为鰈伯。"对于这个"鰈"字的意思，各种书里都没有进行解释。梁孝元帝曾经对我说："从前我不认识这个字。只有张简宪曾经教过我，把它叫作'噈羹'的'噈'字。从那以后我就遵从这个读音了，也不知道它的出处。"简宪是湘州刺史张缵的谥号，江南地区的人称他为饱学之士。按：著《晋中兴书》的何法盛离我们年代很近，那个"鰈"字应当是老人们传下来的。社会上又有"鰈鰈"这个词语，大致是无所不施、无所不容的意思。顾野王的《玉篇》误写为黑旁加沓。虽然顾野王这人博学多闻，但他的学识还是在张缵、梁孝元帝之下，而后二人都说是重字边。我所见到的几个本子都没有作黑旁的。重沓是多饶积厚的意思，从黑旁就完全不知道它的含义何在了。

原 文

《古乐府》歌词，先述三子，次及三妇，妇是对舅姑之称。其末章云："丈人且安坐，调弦未遽央①。"古者，子妇供事舅姑，且夕在侧，与儿女无异，故有此言。"丈人"亦长老之目，今世俗犹呼其祖考②为先亡丈人。又疑"丈"当作"大"，北间风俗，妇呼舅为"大人公"。"丈"之与"大"，易为误耳。近代文士，颇作《三妇诗》，乃为匹嫡并耦己③之群妻之意，又加郑、卫之辞④，大雅君子⑤，何其谬乎？

注 释

①未遽央：仓促未尽的意思。②祖考：指已故的祖辈、父辈。③耦己：成双。

④郑、卫之辞：指春秋时期郑国、卫国的歌词。后用以代指淫荡的文学作品。⑤大雅君子：指道德才学俱佳者。

译 文

《古乐府·相逢行》的歌词先记述三个儿子，其次才述及三个媳妇。媳妇是相对公婆而言的称呼。这首歌词的末章说："丈人且安坐，调弦未遽央。"古时候，媳妇供养侍奉公婆，早晚都在两老身旁，与儿女没有两样，所以歌词中有这些话。"丈人"也可作为长辈老人的称呼，现在的习惯仍然把某人已故的祖、父称为先亡丈人。我又怀疑"丈"字应当写作"大"字，按照北方地区的风俗，媳妇称呼公公为大人公。"丈"字与"大"字，是很容易误写的。近代的文士有很多人写有《三妇诗》，内容却是描写自己与妻妾配对成双的事，又加入一些淫邪的词句，为什么这些道德高尚才能出众的人如此荒谬呢？

原 文

《古乐府》歌百里奚①词曰："百里奚，五羊皮，忆别时，烹伏雌，吹扊扅②；今日富贵忘我为！""吹"当作"炊煮"之"炊"。案：蔡邕《月令章句》曰："键，关牡也，所以止扉，或谓之剡移③。"然则当时贫困，并以门牡木作薪炊耳。《声类》作扊，又或作"扂"。

注 释

①百里奚：春秋时期秦穆公贤相。②扊扅（yǎn）：门闩。③剡（yǎn）移：门闩。

译 文

《古乐府》歌咏百里奚的歌词说："百里奚，五羊皮，忆别时，烹傍伏雌，吹扊扅；今日富贵忘我为！""吹"字应当写作炊煮的"炊"。按：蔡邕的《月令章句》说："键，就是关牡，是用它来闩门的，有人也称它为剡移。"这样看来，当时百里奚夫妇很贫困，把门闩也当作薪柴烧了。这个字在《声类》中写作"扊"，有的书也写作"扂"。

原 文

或问："《山海经》，夏禹及益所记，而有长沙、零陵、桂阳、诸暨，

如此郡县不少，以为何也？"答曰："史之阙文，为日久矣；加复秦人灭学①，董卓焚书②，典籍错乱，非止于此。譬犹《本草》神农所述，而有豫章、朱崖、赵国、常山、奉高、真定、临淄、冯翊等郡县名，出诸药物；《尔雅》周公所作，而云'张仲孝友③'；仲尼修《春秋》，而《经》④书孔丘卒；《世本》⑤左丘明所书，而有燕王喜、汉高祖；《汲冢琐语》⑥，乃载《秦望碑》⑦；《苍颉篇》李斯所造，而云'汉兼天下，海内并厕，豨⑧黥⑨韩⑩覆，畔讨灭残'；《列仙传》刘向所造，而《赞》云'七十四人出佛经'；《列女传》亦向所造，其子歆又作《颂》，终于赵悼后⑪，而传有更始韩夫人、明德马后及梁夫人嫕⑫；皆由后人所羼⑬，非本文也。"

注 释

①秦人灭学：指秦始皇焚书坑儒之事。②董卓焚书：指东汉末年董卓作乱时，烧概观阁，焚烧经典之事。③张仲孝友：张仲孝顺父母、关爱兄弟。张仲，西周宣王时人，比周公晚百余年。④《经》：此处指《左传》。⑤《世本》：书名。本书主要记黄帝以来至春秋时期列国诸侯大夫的氏姓、世系、都邑等。⑥《汲冢琐语》：西晋太康二年，汲郡人不准盗掘魏襄王墓，得《琐语》一书，本书主要记载战国时期各国卜梦妖怪之事。⑦《秦望碑》：指秦始皇东游秦望山时所立的碑。⑧豨（xī）：指汉人陈豨。⑨黥（qíng）：黥刑，墨刑。⑩韩：指韩信。⑪赵悼后：战国时期赵悼襄王赵偃之后。⑫嫕（yì）：性情和蔼可亲。⑬羼（chàn）：本为群羊杂居，引申为错乱混杂。

译文

有人问："《山海经》这本书是由夏禹和伯益记述的，而里面有长沙、零陵、桂阳、诸暨，像这一类的秦、汉地名不少，这是什么原因呢？"我回答说："史书上的缺疑由来已久了，再加上秦人毁灭学术，董卓焚烧书籍，典籍发生错乱，造成的问题还不止您说的这些。比如像《本草》这本书是神农所记述的，然而里面有豫章、朱崖、赵国、常山、奉高、真定、临淄、冯翊等汉代的郡县名称，出产各种药物；《尔雅》是周公撰写的，而书中却说出'张仲孝友'的话；孔子修订《春秋》，而《春秋左氏传》却写着孔子死亡的语句；《世本》是左丘明撰写的，而里面却有燕王喜、汉高祖之名；《汲冢琐语》发掘于战国时期，里面却记载有《秦望碑》的文字；《苍颉篇》是秦丞相李斯所撰写，里面却说'汉朝兼并天下，海内英雄竞相参与，陈稀被旋墨刑，韩信遭败覆，叛臣被讨伐，残贼被消灭'；《列仙传》是西汉人刘向所撰写，而书中的《赞》却说有七十四人出自佛经；《列女传》也是刘向所撰写，他的儿子刘歆又写了《列女传颂》，记事终止于赵悼后，而传中却有更始韩夫人、明德马后及梁夫人嫕。以上所述都是由后人掺杂进去的，不是原文。"

原文

或问曰："《东宫旧事》何以呼'鸱尾'为'祠尾'[①]？"答曰："张敞[②]者，吴人，不甚稽古[③]，随宜记注，逐乡俗讹谬，造作书字耳。吴人呼'祠祀'为'鸱祀'，故以'祠'代'鸱'字；呼'绀'为'禁'，故以'糸'傍作'禁'代'绀'字；呼'盏'为竹简反，故以'木'傍作'展'代'盏'字；呼'镬'字为'霍'字，故以'金'傍作'霍'代'镬'字；又'金'傍作'患'为'镮'字，'木'傍作'鬼'为'魁'字，'火'傍作'庶'为'炙'字，'既'下作'毛'为'髻'字；金花则'金'傍作'华'，窗扇则'木'傍作'扇'[④]；诸如此类，专辄[⑤]不少。"

注释

①《东宫旧事》：书名。《隋书·经籍志》著录十卷，未著撰人，《旧唐书·经籍志》题张敞撰，与颜氏同。鸱尾：宫殿屋脊正脊两端构件上的装饰。②张敞：晋吴郡吴人，仕至侍中尚书，吴国内史。③稽古：研习古事。④以上十二句：颜氏举"逐乡俗讹谬"而造作的俗字共九例，分别写作：䌊、榐、鑊、鐉、槐、𤈦、髦、鏵、（椾）。⑤专辄：专断，专擅。

译 文

有人问道："为什么《东宫旧事》称鸱尾为祠尾？"我回答说："因为作者张敞是吴地人，不太研习古事，随手记述注解，顺从了乡俗的错误，造作了这类字体。吴地人称呼祠祀为鸱祀，所以用'祠'代'鸱'字；称呼绀为禁，所以用糸旁加'禁'代替'绀'字；称呼盏为'竹简反'的音，所以用木旁加'展'代替'盏'字；称呼镬字为'霍'字，所以用金旁加'霍'代替'镬'字；又用金旁加'患'代替'镮'字，木旁加'鬼'代替'魁'字，火旁加'庶'代替'炙'字，既下加毛代替'髻'字；金花就用金旁加'华'字表示，窗扇就用木旁加'扇'字表示。诸如此类，任意妄写的字实在不少。"

原 文

柏人城①东北有一孤山，古书无载者。唯阚骃②《十三州志》以为舜纳于大麓，即谓此山，其上今犹有尧祠焉；世俗或呼为"宣务山"，或呼为"虚无山"，莫知所出。赵郡士族有李穆叔、季节③兄弟，李普济，亦为学问，并不能定乡邑此山。余尝为赵州佐，共太原王邵读柏人城西门内碑。碑是汉桓帝时柏人县民为县令徐整所立，铭曰："山有罐詟④，王乔⑤所仙⑥。"方知此"罐詟"山也。"罐"字遂无所出。"詟"字依诸字书，即"旄丘"⑦之"旄"也；"旄"字，《字林》一音亡付反，今依附俗名，当音"权务"耳。入邺，为魏收说之，收大嘉叹⑧。值其为《赵州庄严寺碑铭》，因云"权务之精"，即用此也。

注 释

①柏人城：古地名。在今河北省唐山市西。②阚（kàn）骃：字玄阴。北魏敦煌人。著有《十三州志》。③李穆叔、季节：李公绪、李概兄弟。李公绪博通经史，著有《典言》《礼质疑》《丧服章句》《古今略纪》《赵纪》《赵语》等。④罐詟（quán wù）：即尧山，在今河北隆尧西。⑤王乔：传说中的仙人王子乔。⑥仙：名词用作动词。成仙、修仙。⑦旄丘：前高后低的山丘。⑧嘉叹：赞叹。

译 文

柏人城东北有一座孤山，古书中没有记载它的。只有阚骃的《十三州志》认为舜进入大麓就是说的这座山，现在它的上面还有尧的祠庙；世人有的称它为宣务山，有的称它为虚无山，没有谁知道这些称呼的来历。赵郡的士族中有李公绪、李概兄弟和李普济，也可算有学问的人，都不能判定他们家乡这座山的名称。我曾经担任赵州佐，与太原的王邵一起读柏人城西门内的石碑。碑是汉桓帝时期柏人县的民众为县令徐整竖立的，上面的铭文说："有一座罐嵍山，是王子乔成仙的地方。"我这才知道这山就是罐嵍山。却不知道罐的出处。依照各种字书，"嵍"就是旄丘的"旄"字；《字林》给"旄"字注一音作亡付反，现在依照通俗的名称，"罐嵍"应当读作"权务"的音。我到邺城后，对魏收说了这件事，魏收对此大加赞许。当时正赶上他撰写《赵州庄严寺碑铭》，于是写了"权务之精"这句话，就是使用了我说的这个典故。

原 文

或问："一夜何故五更？更何所训？"答曰："汉、魏以来，谓为甲夜、乙夜、丙夜、丁夜、戊夜，又云'鼓'①，一鼓、二鼓、三鼓、四鼓、五鼓，亦云一更、二更、三更、四更、五更，皆以'五'为节。《西都赋》②亦云：'卫以严更之署。'所以尔者，假令正月建寅③，斗柄④夕则指寅，晓则指午矣；自寅至午，凡历五辰。冬夏之月，虽复长短参差，然辰间辽阔，盈不过六，缩不至四，进退常在五者之间。更，历也，经也，故曰五更尔。"

注 释

①鼓：卢文弨谓此鼓字衍。②《西都赋》：汉代文学家、史学家班固创作的大赋。③建寅：夏历以寅月为岁首，故称建寅。④斗柄：北斗七星中，玉衡、开阳、摇光三星组成斗柄，称作杓。

译 文

有人问："为什么一夜有五更？'更'字作什么解释？"我回答说："汉、魏以来，一夜的五个时辰被称为甲夜、乙夜、丙夜、丁夜、戊夜，又叫作鼓，一鼓、二鼓、三鼓、四鼓、五鼓，也叫作一更、二更、三更、四更、五更，都是以五来划分时间段落。《西都赋》也说：'卫以严更之署。'之所以这样，是因为假如把正月作为建寅之月，北斗星的斗柄日落时就指向寅的区间，日出时就指向午的区间；从寅时到午时，共经历了五个区间。冬天和夏天的月份，虽然白昼和夜晚的时间长短不齐，但是对时辰的宽广来说，增长不会超过六个时辰，减短不会低于四个时辰，进退常在五个时辰之间。更是经历、经过的意思，所以叫五更。"

原 文

《尔雅》云："术，山蓟也。"郭璞注云："今术似蓟①而生山中。"案：术叶其体似蓟，近世文士，遂读"蓟"为"筋肉"之"筋"，以耦"地骨"用之②，恐失其义。

注 释

①术、蓟：均为草名。②以耦地骨用之：意为"以'山蓟（筋）'与'地骨'为对偶"。耦，通"偶"。地骨，桐杞。

译 文

《尔雅》说："术，就是山蓟。"郭璞的注说："术像蓟，生长在山中。"按：术的叶子形状就像蓟，近代的文人竟然把"蓟"读成筋肉的"筋"，以"山蓟（筋）"作为"地骨"的对偶来使用它，恐怕失去了它的正确发音。

原 文

或问："俗名'傀儡子'①为'郭秃'，有故实乎？"答曰："《风俗通》云：'诸郭皆讳秃。'当是前代人有姓郭而病秃者，滑稽戏调②，故后人为其象，呼为'郭秃'，犹《文康》③象庾亮耳。"

注 释

①傀儡（kuǐ lěi）子：即傀儡戏，现在通称作木偶戏。②戏调：开玩笑。③《文康》：乐舞名。又名《礼毕》。因扮演晋太尉庾亮，亮谥号为文康，故名。

译 文

有人问："俗称傀儡戏叫郭秃，有什么典故出处吗？"我回答说："《风俗通》上面讲：'所有姓郭的人都忌讳秃字。'当是前代人有姓郭而患秃头病的人善于滑稽调笑，所以后人就制作了他的形象作为傀儡，把它叫作郭秃，就像《文康》乐舞中出现庾亮的形象一样。"

原文

客有难主人曰："今之经典，子皆谓非，《说文》所言，子皆云是，然则许慎胜孔子乎？"主人拊①掌大笑，应之曰："今之经典，皆孔子手迹耶？"客曰："今之《说文》，皆许慎手迹乎？"答曰："许慎检②以六文③，贯④以部分⑤，使不得误，误则觉之。孔子存其义而不论其文也。先儒尚得改文从意，何况书写流传耶？必如《左传》'止戈'为'武'，'反正'为'乏'，'皿虫'为'蛊'，'亥'有'二首六身'之类，后人自不得辄改也，安敢以说文校其是非哉？且余亦不专以《说文》为是也，其有援引经传，与今乖⑥者，未之敢从⑦。又相如《封禅书》曰：'导⑧一茎六穗于庖⑨，牺⑩双觡⑪共抵⑫之兽。'此'导'训'择'，光武诏云：'非徒有豫养导择之劳'是也。而《说文》云：'导是禾名。'引《封禅书》为证；无妨自当有禾名藁，非相如所用也。'禾一茎六穗于庖'，岂成文乎？纵使相如天才鄙拙，强为此语；则下句当云'麟双觡共抵之兽'，不得云'牺'也。吾尝笑许纯儒，不达文章之体，如此之流，不足凭信。大抵服其为书，隐括⑬有条例⑭，剖析穷根源，郑玄注书，往往引以为证；若不信其说，则冥冥⑮不知一点一画，有何意焉。"

注释

①拊（fǔ）掌：拍手，鼓掌。表示欢乐或愤激。②检：考查，察验。③六文：指六书。④贯：通。⑤部分：按部首分类。⑥乖：差别，不同。⑦未之敢从：即"未敢从之"，否定句中代词作宾语前置。⑧导：选择。⑨庖：厨房。⑩牺：宗庙祭祀的牲畜。⑪觡（gé）：骨角。⑫抵：角的底部。⑬隐括：此指修订。⑭条例：体例。⑮冥冥：懵懂无知的样子。

译文

有位客人非难我说："今天的经典，你都说不对，《说文》所说的，你都说对，这么说来，许慎比孔子还高明吗？"我拍手大笑，回答他说："今天的经典都是孔子的亲笔手迹吗？"客人说："今天的《说文》都是许慎的亲笔手迹吗？"我回答道："许慎用六书来检验文字，用分出的部首贯串全书，使它们不致出现错误，出现错误就能发现。孔子保留文句的含义而不讨论文字本身。前辈学者尚能改动经典的文字以顺从文句的含义，何况经过书写流传呢？必须是像《左传》里所说的止戈为武，反正为乏，皿虫为蛊，亥有二首六身这类情况，后人自然不能随便改动，哪能用《说文》来校订它们的

是非呢？况且我也不是只以《说文》为是，《说文》中有援引经传的文句与今天的经传文句不相符合的，我就不敢顺从它。又比如司马相如的《封禅书》说：'导一茎六穗于庖，牺双觡共抵之兽。'这个"导"字就解释作择，汉光武帝的诏书说：'非徒有豫养导择之劳'的"导"字就是这个含义。而《说文》却说：'是禾名。'并引《封禅书》为证。我们不妨说本来就有一种禾叫"导"，却不是司马相如在《封禅书》中使用的。否则，'禾一茎六穗于庖'，难道能成文句吗？就算是司马相如的天资低下拙劣，很勉强地写下了这句话，那么下一句也应当说'麟双觡各共抵之兽'，而不应该说'牺'。我曾经嘲笑许慎是一个专一于文字的纯粹儒者，不懂得文章的体制，像这一类情况就不足以凭信。但总的说来，我佩服许慎撰写的这本书，审定文字有条例可依，剖析文字含义能够穷尽它的根源，郑玄注解经书，往往引用《说文》作为证据。如果我们不相信《说文》的说法，就会懵懵懂懂地不知道文字的一点一画还有什么意义。"

原 文

案：弥亘①字从二间舟，《诗》云"亘之秬秠②"是也。今之隶书，转"舟"为"日"；而何法盛《中兴书》③乃以"舟"在"二"间为舟"航"字，谬也。《春秋说》以"人十四心"为"德"，《诗说》以"二在天下"为"酉"，《汉书》以"货泉"④为"白水真人"，《新论》⑤以"金昆"为"银"，《国志》⑥以"天上有口"为"吴"，《晋书》以"黄头小人"为"恭"，《宋书》以"召刀"为"邵"，《参同契》以"人负告"为"造"：如此之例，盖数术⑦谬语，假借依附，杂以戏笑耳。如犹⑧转"贡"字为"项"，以"叱"为"七"，安可用此定文字音读乎？潘、陆⑨诸子《离合诗》《赋》《栻卜》⑩《破字经》⑪，及鲍昭⑫《谜字》，皆取会流俗⑬，不足以形声论之也。

注 释

①弥亘：绵延。②秬（jù）、秠：黑黍。③《中兴书》：即《晋中兴书》。④货泉：东汉王莽时期货币名。钱币上有"货泉"二字。⑤《新论》：汉桓谭撰。已佚。⑥《国志》：即《三国志》。西晋陈寿撰。⑦数术：即术数。有关天文、历法、占卜方面的学问。⑧如犹：当作犹如。⑨潘、陆：指潘岳、陆机，均为西晋文学家。⑩栻：古代占卜时日的器具。⑪《破字经》：书名。破字，即拆字。⑫鲍昭：即鲍照，南朝宋文学家。⑬流俗：社会上流行的风俗习惯。

译 文

按：弥亘的"亘"字从二间舟，就是《诗经》说的"亘之秬秠"的"亘"字。现在的隶书把"舟"改写为"日"。而何法盛的《晋中兴书》却以舟在二间为"舟航"的航字，这是错误的。《春秋说》以"人""十""心"为"德"字，《诗说》以"二"在"天"下为"酉"字，《汉书》以"货泉"二字拆开作"白水真人"四字，《新论》以"金、昆"为"银"字，《三国志》以"天"上有"口"为"吴"字，《晋书》以"黄"字头加"小、人"为"恭"字，《宋书》以"召""刀"组成"邵"字，《周易参同契》以"人"背负"告"为"造"字。像这一类例子都是玩弄术数的荒谬言语，不过是假托附会，把游戏玩笑穿插在中间罢了。就好像把"贡"字转变成"项"字，把"叱"字当成"七"字一样，哪里能用这种方法审定文字的读音呢？潘岳、陆机诸人的《离合诗》《离合赋》《杖卜》《破字经》以及鲍照的《谜字》都是迎合社会上流行的风气，不能够用来规范的字形字音来评论它们。

原 文

河间邢芳语吾云："《贾谊传》云：'日中必熭[1]。'注：'熭，暴也。'曾见人解云：'此是暴疾之意，正言日中不须臾，卒然便昃[2]耳。'此释为当乎？"吾谓邢曰："此语本出太公《六韬》，案字书，古者'暴晒'字与'暴[3]疾'字相似，唯下少异，后人专辄加傍'日'耳。言日中时，必须暴晒，不尔者，失其时也。晋灼[4]已有详释。"芳笑服而退。

注 释

①熭（wèi）：晒干，烤干。②昃（zè）：指太阳西斜。③暴（zè）：同"暴"。暴疾。④晋灼：晋尚书郎，河南人，著有《汉书音义》。

译 文

河间人邢芳对我说："《汉书·贾谊传》上说：'日中必熭。'注解是：'熭，暴也。'我曾经看见有人解释说：'这个暴是暴疾的意思，就是说太阳当顶不一会儿，突然间就西斜了。'这个解释恰当吗？"我对邢芳说："《贾谊传》中的这句话原本出自太公《六韬》，根据字书来看，古时候暴晒的'暴'字与暴疾的'暴'字很相似，只是下面部分稍微不同，后来的人主观地在'暴'字旁边加了个日旁。这句话的意思是说太阳当顶时，必须暴晒物品，不这样的话，就会失去时机。关于这点，晋灼已有详细解释。"邢芳听了我的说明后，含笑信服并告退了。

本篇主要记录了作者对经、史典籍所做的考证。在这篇文章中，颜之推既整理自己的读书心得，又通过列举例子来告诫子孙要博览群书，不可妄发议论，以免因谬误而被人取笑。颜之推认为文字是典籍的根本，因此他重视《说文解字》。他认为文字尤其字体，是随时代而变化的，倘若所有文字都必须依从小篆，就会显得太过固执。不过他又认为随意增减笔画的"鄙俗"也是不可取的。他提出用字可一分为二，即在著书作文时须参考《说文解字》，而写作一般应用文章时则使用流行字词，这是非常开明的想法。文章引经据典，论据很充分，论证很严密，观点很有说服力，值得一读，值得借鉴！

吕氏春秋

《吕氏春秋》，又称《吕览》，是在秦国相邦吕不韦的主持下，集合门客们编撰的一部杂家名著。成书于秦始皇统一中国前夕。此书以道家学说为主干，以名家、法家、儒家、墨家、农家、兵家、阴阳家思想学说为素材，熔诸子百家学说于一炉，闪烁着博大精深的智慧之光。吕不韦想以此作为大秦统一后的意识形态。但后来执政的秦始皇却选择了法家思想，使包括儒家在内的诸子百家全部受挫。《吕氏春秋》集先秦儒家之大成，是战国末期杂家的代表作，全书共二十六卷，一百六十篇，二十余万字。

音辞第十八

精彩导读

　　《音辞》篇主要讲述了语言和音韵方面的有关内容。颜之推要求自己的子女不要受方言的影响，从小养成正确发音的习惯，而且他告诫子女：对于知识的学习，要实事求是，没有考证的，不是自己亲身经历的，不要草率给出结论。这些观点与我们今天学习推广普通话，准确发音，正确使用汉语言文字都是一致的。本篇具体内容有哪些？作者是怎样阐述清楚的？让我们进入《音辞第十八》的学习吧！

原文

　　夫九州之人，言语不同，生民已①来，固常然矣。自《春秋》标齐言之传，《离骚》目"楚词"之经，此盖其较明之初也。后有扬雄著《方言》，其言大备。然皆考名物之同异，不显声读之是非也。逮②郑玄注《六经》，高诱解《吕览》《淮南》，许慎造《说文》，刘熹制《释名》，始有譬况假借以证音字耳。而古语与今殊别，其间轻重清浊③，犹未可晓；加以内言外言、急言徐言④、读若之类，益使人疑。孙叔言创《尔雅音义》，是汉末人独知反语。至于魏世，此事大行⑤。高贵乡公不解反语，以为怪异。自兹厥后，音韵锋出，各有土风⑥，递相非笑，指马⑦之谕，未知孰是。共以帝王都邑，参校方俗，考覈古今，为之折衷。摧而量之，独金陵与洛下耳。南方水土和柔，其音清举⑧而切诣，失在浮浅，其辞多鄙俗。北方山川深厚，其音沉浊而钝钝⑨，得其质直，其辞多古语。然冠冕君子，南方为优；闾里小人，北方为愈。易服而与之谈，南方士庶，数言可辩；隔垣而听其语，北方朝野，终日难分。而南染吴、越，北杂夷虏，皆有深弊，不可具论。其谬失轻微者，则南人以"钱"为"涎"，以"石"为"射"，以"贱"为"羡"，以"是"为"舐"；北人以"庶"为"戍"，以"如"为"儒"，以"紫"为"姊"，以"洽"为"狎"。如此之例，两失甚多。至邺已来，唯见崔子约、崔瞻叔侄，李祖仁、李蔚兄弟，颇事言词，少为切正。李季节⑩著《音韵决疑》，时有错失；阳休之造《切韵》，殊为疏野。吾家儿女，虽在孩稚，便渐督正之；一言讹替，以为己罪矣。云为品物，未考书记者，不敢辄名，汝曹所知也。

注释

①巳：同"以"，表示时间、方位、数量的界限。②逮：到。③清浊：语音学术语。指语音的清声与浊声，发音时声带不振动的为清声，反之为浊声。④急言徐言：汉代譬况字音用语。⑤大行：广泛流行。⑥土风：方音土语。⑦指马：战国时期名家公孙龙提出"物莫非指，而指非指""白马非马"等命题，讨论名与实之间的关系。后以"指马"指称争辩是非、差别。⑧清举：声音清脆而悠扬。⑨铊（é）钝：浑厚，不尖锐。⑩李季节：名概，字季节。

译文

全国各地的人，言语各不相同，自从有人类以来，已经一向如此。自从《春秋公羊传》标出对齐国方言的解释，《离骚》被看作楚人语词的经典作品，这大概就是语言差异开始明显的初级阶段吧。后来，扬雄写出了《方言》一书，这方面的论述就大为完备了。但书中都是考辨事物名称的异同，并不显示读音的是与非。直到郑玄注释《六经》，高诱诠解《吕览》《淮南子》，许慎撰写出《说文解字》，刘熹编著了《释名》，这才开始有譬况假借的方法用来验证字音。然而古代语言与今天的语言有着很大差别，这中间语音的轻重清浊仍然不能了解；再加上他们是采用内言外言、急言徐言、读若这一类的注音方法，就更让人疑惑不解。孙叔言创制了《尔雅音义》一书，这是汉末人唯独懂得使用反切法注音的。到了魏国时期，这种注音法盛行起来。高贵乡公曹髦不懂反切注音法，被人们认为是一件奇怪的事。从那以后，音韵方面的论著成果大量脱颖而出，各自带有地方口语的色彩，相互之间非难嘲笑，是非曲直，也难以做出判断。看来只能是大家都用帝王都城的语言，参照比较各地方言，考查审核古今语音，用来替它们确定一个恰当的标准。经过这样的反复研究和斟酌，只有金陵和洛阳的语言适合作为正音。南方的水土平和温柔，所以南方人的口音清脆悠扬、快速急切，它的弱点在于浮浅，其言辞多鄙陋粗俗。北方的山川深邃宽厚，所以北方人的口音低沉粗重、滞浊迟缓，体现了它的质朴劲直，它的言辞多古代语汇。然而谈到官宦君子的语言，还是南方地区的为优；谈到市井小民的语言，则是北方地区的较胜。让南方人变易服装而与他们交谈，那么对于南方的官绅与平民，通过几句话就可分辨出他们的身份；隔着墙听北方人谈话，则对于北方的官绅和平民，你一整天也难以区分出来。然而南方的语言已经沾染了吴越地区的方言，北方的语言已经杂糅了异族的词汇，两者都有严重的弊端，在此不能够一一加以评论。它们中错误差失较轻的例子则如南方人把"钱"读作"涎"，把"石"读作"射"，把"贱"读作"羡"，把"是"读作"舐"；北方人把"庶"读作"戍"，把读作儒，把紫读作姊，把洽读作狎。像这些例子，两者的差失都很多。我到邺城以来，只看到崔子约、崔瞻叔侄，李岳、李蔚兄弟对语言略有研究，稍微做了些切磋补正的工作。李概所著的《音韵决疑》时时出现错误差失；阳休之编著的《切韵》十分粗略草率。我家的儿女们还在孩童时代，我就开始在这方面对他们进行矫正；孩子一个字有讹误差失，我都把它视为自己的罪过。家中所做各种物品，没有经过从书本中考证过的，就不敢随便称呼名字，这是你们所知道的吧。

原 文

古今言语，时俗不同；著述之人，楚、夏①各异。《苍颉训诂》②，反"稗"为"逋卖"③，反"娃"为"於乖"④；《战国策》音"刿"为"免"，《穆天子传》音"谏"为"间"⑤；《说文》音"戛"为"棘"⑥，读"皿"为"猛"⑦；《字林》音"看"为"口甘反"，音"伸"为"辛"；《韵集》以成、仍、宏、登合成两韵，为、奇、益、石分作四章；李登⑧《声类》以"系"音"羿"，刘昌宗《周官音》读"乘"若"承"：此例甚广，必须考校。前世反语，又多不切，徐仙民《毛诗音》反"骤"为"在遘"，《左传音》切"椽"为"徒缘"，不可依信，亦为众矣。今之学士，语亦不正；古独何人，必应随其讹僻乎？《通俗文》曰："入室求曰搜。"反为"兄侯"。然则"兄"当音"所荣反"。今北俗通行此音，亦古语之不可用者。玙璠⑨，鲁人宝玉，当音"余烦"，江南皆音"藩屏"之"藩"。"岐"山当音为"奇"，江南皆呼为"神祇"之"祇"。江陵陷没，此音被于关中，不知二者何所承案。以吾浅学，未之前闻也。

注 释

①楚、夏：楚指春秋战国时期的楚国地域；夏指华夏，即中原地区。此处楚、夏泛指南、北地区。②《苍颉训诂》：书名。后汉杜林撰。《旧唐书·经籍志》著录。③反稗为逋卖：反切稗字的音为逋卖，即用逋的声母和卖的韵母拼读出稗字。④反娃为於乖：段玉裁曰："娃，於佳切，在十三佳，以於乖切之，则在十四皆。"⑤音谏为间：《穆天子传》三："道里悠远，山川间之。"郭璞注："间音谏。"《唐韵》谏古晏反，在谏韵，问古苋反（去声），在裥韵。谏，裥韵不同类，故颜氏以郭注为非。⑥音戞为棘：《唐韵》戞音古黠反，在黠韵，棘音纪力反，在职韵。二音韵部不同，故颜氏以《说文》为非。⑦读皿为猛：《切韵》音皿武永反，音猛莫杏反，同在梗韵，而'猛'为二等字，'皿'为三等字，音之洪细有别。故颜氏以'皿'音'猛'为非。周祖谟以为'猛'从'孟'声，'孟'从皿声，'猛'、'孟'、'皿'三字古音亦相近。⑧李登：三国魏人，撰有《声类》一书，《隋书·经籍志》著录作十卷，已佚。⑨玙璠（ yú fán）：美玉。

译 文

古代和今天的语言因为时俗的变化而有所不同，进行著述的人因为地处南、北而在语音上表现出差异。《苍颉训诂》一书把"稗"的反切音注为逋卖，把"娃"的反切音注为於乖；《战国策》把"刎"注音为"免"，《穆天子传》把"谏"注音为"间"；《说文》把"戞"注音为"棘"，把"皿"读为"猛"；《字林》把"看"注音为口甘反，把"伸"注音为"辛"；《韵集》把"成"、"仍"和"宏"、"登"分别合成两个韵，把"为"、"奇"、"益"、"石"却分成四个韵；李登的《声类》以"系"作"羿"的音，刘昌宗的《周官音》把"乘"读作"承"。这类例子是很普遍的，必须对它们进行考校。前代人标注的反语又有很多不确切，徐邈的《毛诗音》把"骤"的反切音注为在遘，《左传音》把椽的反切音注为徒缘，那是不可以依凭的，这种情况也是很多的了。今天的学者，语音也有不正确的，难道古人有什么特殊的地方，一定要依随他们的谬误呢？《通俗文》上说："入室求日搜。"服虔把"搜"的反切音注为兄侯。如果这样，那么"兄"应当发音为所荣反。现在北方的习惯就通行这个音，这也是古代言语中不可沿用的。玙璠是鲁国人的宝玉，"璠"的反切应当发音为余烦，江南地区的人都把这个字发音为藩屏的"藩"。岐山的"岐"应当发音为"奇"，江南地区都把它呼为神祇的"祇"。江陵城陷落的时候，这两个音就流行于关中，不知道是根据什么语音来的，凭我肤浅的学识，还没有听说过。

原 文

北人之音，多以"举""莒"为"矩"；唯李季节云："齐桓公与管仲于台上谋伐莒，东郭牙望见桓公口开而不闭，故知所言者莒也。然则莒、矩必不同呼①。"此为知音矣。

注 释

①呼：音韵学名词。汉语音韵学家依据口、唇的形态，将韵母分为开口呼、齐齿呼、合口呼、撮口呼四类，合称四呼。

译 文

北方人的语音大多把"举""莒"读为"矩"。只有李季节说："齐桓公和管仲在台上商议攻伐莒国，东郭牙看见齐桓公的嘴是张开而不是闭拢，所以知道齐桓公所说的是莒国。这样看来，'莒'、'矩'一定有开口合口的区别。"这就是通晓音韵的人了。

原 文

夫物体自有精粗，精粗谓之好恶①；人心有所去取，去取谓之好恶②。此音见于葛洪、徐邈③。而河北学士读《尚书》云好生恶杀。是为一论物体，一就人情，殊不通矣。

注 释

①好恶：好和坏的意思。卢文瘣曰："好、恶并如字读。"②好恶：喜爱和讨厌的意思。③此音见于葛洪、徐邈：指第二个"好恶"的读音见于葛洪、徐邈的音韵学著作。

译 文

器物自身有精致或粗糙的分别，这种精致或粗糙就称之为好或恶；人的感情对某样事物有所弃取，这种弃取的态度称之为好或恶。这后一个"好恶"的读音见于葛洪、徐邈的撰著。而河北地区的读书人读《尚书》的时候却读作"好（呼皓切）生恶（乌各切）

杀"。这样，读音取了评论器物精致或粗糙的读音，而意思却是表达感情弃取的意思，就太说不通了。

原 文

邪者，未定之词。《左传》曰："不知天之弃鲁邪？抑鲁君有罪于鬼神邪①？"《庄子》云："天邪地邪②？"《汉书》云："是邪非邪③？"之类是也。而北人即呼为也，亦为误矣。难者曰："《系辞》云：'乾坤，易之门户邪？'此又为未定辞乎？"答曰："何为不尔！上先标问，下方列德④以折之耳。"

注 释

①"不知天"二句：以上二句见《左传·昭公二十六年》。二句意思是说："不知是上天抛弃鲁国呢？还是鲁君得罪了鬼神呢？"②天邪地邪：是天呢，还是地呢？③是邪非邪：是对呢，还是不对呢？④列德：阐明阴阳之德。

译文

邪是表示疑问的词。《左传》说："不知天之弃鲁邪？抑鲁君有罪于鬼神邪？"《庄子》说："天邪？地邪？"《汉书》说："是邪？非邪？"这类"邪"字都是这种用法。而北方人就把它读成"也"，这是错误的。责难我的人说："《周易·系辞》说：'乾坤，《易》之门户邪？'这个'邪'也是表示疑问的词吗？"我回答说："为什么不是！上面先标明疑问，下面才阐明阴阳之德的道理以做出结论。"

原文

江南学士读《左传》，口相传述，自为凡例①，军自败曰"败"，打破人军曰"败"。诸记传未见"补败反"，徐仙民读《左传》，唯一处有此音，又不言自败、败人之别，此为穿凿耳。

注释

①凡例：通例，章法。

译文

江南地区的学者读《左传》，是用口相互传述，自订章法，自家军队失败说成败（蒲迈反），打败别的军队说成败（补败反）。各种传记中也未看见注音为补败反，徐邈所读的《左传》只有一处注了这个音，又不说明自败、败人的区别，这就显得有些牵强附会了。

原文

古人云："膏粱①难整。"以其为骄奢自足，不能克励②也。吾见王侯外戚，语多不正，亦由内染贱保傅③，外无良师友④故耳。梁世有一侯，尝对元帝饮谑⑤，自陈"痴钝"，乃成"飔⑥段"，元帝答之云："飔异凉风，段非干木。"谓"郢州"为"永州"，元帝启报简文，简文云："庚辰吴入，遂成司隶。"如此之类，举口皆然。元帝手教诸子侍读，以此为诫。

注 释

①膏粱：精美食物。②克励：刻苦自励。③保傅：古代保育、教导太子等贵族子弟及未成年帝王、诸侯的男女官员，统称为保傅。④友：协助，帮助。⑤饮谑：饮酒戏谑。⑥飔（sī）：凉风。

译 文

古人说："膏粱子弟其性难正。"是因为他们骄横奢侈自我满足，不能够克制私欲，力求上进。我看见那些王侯外戚语音大多不纯正，也是由于内受下贱保傅的熏染，外无良师协助的缘故。梁朝有一位侯王，曾经与梁元帝一起饮酒戏谑，他自称"痴钝"，却说成"飔段"，梁元帝戏答他说："飔不同于凉风，段也不是干木。"他又把"郢州"说成"永州"，梁元帝把此事告知简文帝，简文帝说："庚辰日吴人进入郢都的'郢'却成了后汉的司隶校尉鲍永的'永'。"像这一类例子，这位侯王张口就是。梁元帝亲自教授几位儿子的侍读，就以这位侯王的错讹为诫。

原 文

河北切"攻"字为"古琮"，与"工""公""功"三字不同，殊为僻①也。比世有人名暹，自称为"纤"；名琨，自称"衮"；名洸，自称为"汪"；名朅，自称为"猲"。非唯音韵舛错，亦使其儿孙避讳纷纭②矣。

注 释

①僻：差错。②纷纭：盛多、杂乱的样子。

译 文

河北地区的人反切攻字为古琮，与"工"、"公"、"功"三字的读音不同，这是大错。近代有一个人名为暹，他自称为纤；有一个人名为琨，他自称为衮；有一个人名为洸，他自称为汪；有一个人名为朅，他自称为猲。不仅音韵有错讹，也使他们的儿孙辈在避讳时纷繁杂乱，不知如何依从。

精彩点拨

　　颜之推擅长研究文字、声韵、校勘之学，而本篇就是他对语言和声韵学的专论。作者对南北方言很熟悉。东汉以后的数百年，洛阳音成为北方语音的"正音"，而南方掺有洛阳音的健康音是江南地区的"正音"。颜之推认为应正视因南北对峙所造成的差异，同时以洛阳音、健康音为"正音"并据此来讨论历代韵书、字书得失。他的声韵之学对后世影响很大。本篇同样列举大量实例。作者咬文嚼字、实实在在、一丝不苟严谨治学的态度值得我们好好学习。

阅读积累

切韵

　　《切韵》是隋代陆法言所著韵书。成书于隋文帝仁寿元年（601 年）。共 5 卷，收 1.15 万字。分 193 韵：平声 54 韵，上声 51 韵，去声 56 韵，入声 32 韵。唐代初年被定为官韵。增订本甚多。《切韵》原书已失传，其所反映的语音系统因《广韵》等增订本而得以完整地流传下来。现存最完整的增订本有两个：一为唐写本王仁昫《刊谬补缺切韵》，一为北宋陈彭年等编的《大宋重修广韵》。《切韵》原本已佚，法国巴黎国家图书馆藏有敦煌唐写本切韵残卷三种，是目前所存最古的、与陆法言编撰《切韵》最相近的版本。

杂艺第十九

精彩导读

　　本篇的主要内容是说经、史、文章以外的琴棋书画、骑射、算术、医学等都是一门技艺，适当地掌握一技之长对提高生存能力很有必要。作者谆谆告诫后人，娓娓道来，情真意切。文章中讲了哪些道理？举了哪些事例？让我们进入本文的阅读吧！

原文

　　真草①书迹，微须留意。江南谚云："尺牍书疏，千里面目②也。"承晋、宋余俗，相与③事之，故无顿④狼狈⑤者。吾幼承门业⑥，加性爱重，所见法书⑦亦多，而玩习功夫颇至，遂不能佳者，良⑧由无分故也。然而此艺不须过精。夫巧者劳而智者忧，常为人所役使，更觉为累；韦仲将遗戒，深有以也。

注释

　　①真草：书体名，真书和草书。真书，即带有隶书痕迹的楷书。②千里面目：千里之外可以看到的面目。③相与：共同、一道。④顿：顿时。⑤狼狈：为难窘迫。⑥门业：家门素业。⑦法书：作为法则以供学习的字。⑧良：实在。

译文

　　楷书、草书的书法需要稍加用心。江南的谚语说："一尺长短的信函，就是你在千里之外给人看到的面貌。"那里的人上承晋、宋流传下来的风气，大家都信奉这句话，所以没有把字写得很马虎的。我从小继承家传的学业，加上生性对书法喜爱偏重，所看到的书法范本也多，玩味研习的功夫下得颇深，但书法水平最终不高，确实是因为我没有天分的缘故吧。但是这门技艺也不需要过于精湛。巧者多劳，智者多忧，因为字写得好就经常被人使唤，反而感觉是一种负担。韦仲将给子孙留下不要学习书法的诫言是很有道理的。

原 文

王逸少①风流②才士，萧散③名人，举世惟知其书，翻④以能自蔽也。萧子云每叹曰："吾著《齐书》，勒⑤成一典，文章弘义，自谓可观；唯以笔迹得名，亦异事也。"王褒地胄清华⑥，才学优敏，后虽入关，亦被礼遇。犹以书工，崎岖⑦碑碣之间，辛苦笔砚之役，尝悔恨曰："假使吾不知书，可不至今日邪？"以此观之，慎勿以书自命。虽然，厮猥⑧之人，以能书拔擢⑨者多矣。故道不同不相为谋也。

注 释

①王逸少：东晋王羲之，字逸少，著名书法家。②风流：杰出的。③萧散：潇洒，不受拘束。④翻：反而。⑤勒：编写。⑥地胄（zhòu）清华：门第清高显贵。地胄：地位、门第。⑦崎岖：跋涉，奔波。⑧厮猥：地位低下。⑨拔擢（zhuó）：选拔提升。

译 文

王羲之是个风流才士，潇洒闲散的名人，举世的人都知道他的书法，反而因此而掩盖了他的其他才能。萧子云常常感叹说："我撰著《齐书》，编纂成为一部史籍典策，这中间的文采大义自以为是可观的，却只是以书法得名，也是一件怪事啊。"王褒门第高贵，学识渊博，才思敏捷，虽然后来被迫入关，也仍然受到礼遇。但他还是因为工于书法，只能奔波于碑碣之间，辛辛苦苦地挥毫写字，曾经他悔恨地说："假如我不懂得书法，大概不会弄到今天这个样子吧？"由此看来，千万不要以书法自命。虽是这样，但那些地位低下的人因为会书法而得到提拔的也很多。所以说目标不同的人是讲不到一块儿的。

原 文

梁氏秘阁①散逸以来，吾见二王②真草多矣，家中尝得十卷；方知陶隐居、阮交州③、萧祭酒诸书，莫不得羲之之体，故是书之渊源。萧晚节所变，乃右军④年少时法也。

注 释

①秘阁：内府，古代宫中珍藏图书之处。②二王：指王羲之、王献之父子。③陶隐居：即陶弘景。阮交州：即阮研，字文几，官至交州刺史。④右军：王羲之，官至右军将军。

译 文

自梁朝秘阁的图书散逸以来，我所看到的二王的楷书、草书墨迹还很多，家里就曾经收藏有十卷。由此我才知道陶弘景、阮研、萧子云三人的各种书法没有不受王羲之书法影响的，所以王羲之的书体是书法的渊源。萧子云晚年书体有所变化，却是变成了王羲之少年时期的笔法。

原 文

江南闾里间有《画书赋》，乃陶隐居①弟子杜道士所为；其人未甚识字，轻为轨则②，托名贵师，世俗传信，后生颇为所误也。

注 释

①陶隐居：即陶弘景。善书法。下文贵师亦指陶隐居。②轨则：准则。

译 文

江南地区民间有《画书赋》流传，是陶隐居弟子杜道士所作。这个人认不得多少字，却轻率地为绘画书法制定准则，还假托名师，世人也就轻易传布相信，后生晚辈很有被他所贻误的。

原 文

画绘之工，亦为妙矣；自古名士，多或能之。吾家尝有梁元帝手画蝉雀白团扇及马图，亦难及也。武烈太子①偏能写真，坐上宾客，随宜②点染，即成数人，以问童孺，皆知姓名矣。萧贲③、刘孝先、刘灵，并文学已外，复佳此法。玩阅古今，特可宝爱。若官未通显，每被公私使令，亦为猥役④。吴县顾士端出身湘东王国侍郎，后为镇南府刑狱参军，有子曰庭，西朝中书舍人⑤，父子并有琴书之艺，尤妙丹青⑥，常被元帝所使，每怀羞恨。彭城刘岳，橐之子也，仕为骠骑府管记⑦、平氏县⑧令，才学快士⑨，而画绝伦。后随武陵王⑩入蜀，下牢⑪之败，遂为陆护军⑫画支江寺壁，与诸工巧杂处。向使三贤都不晓画，直运素业⑬，岂见此耻乎？

注 释

①武烈太子：梁元帝长子，名方等，字实相。年二十二战死，谥武烈。②随宜：随意的意思。③萧贲：南齐竟陵王萧子良之孙，字文奂，有文才，能书善画。④猥役：杂役。⑤西朝：江陵。梁元帝建都于此。中书舍人：中书省属官。⑥丹青：丹砂和青膛，为中国画中常用颜色。此泛指绘画艺术。⑦管记：指记室，掌章表书记文檄。⑧平氏县：属南阳。故城在今河南桐柏县西。⑨快士：豪爽之士。⑩武陵王：萧纪，字世询。梁武帝第八子，天监十三年封武陵王。⑪下牢：梁朝宜州旧治，在今湖北宜昌市西北。下牢之败：指梁元帝承圣二年武陵王萧纪的叛军被陆法和击败之事。⑫陆护军：即陆法和。⑬素业：清素之业，指儒业。

译 文

　　绘画技艺的工巧也是十分奇妙的。自古以来的名士很多都很擅长此道。曾经我们家里有梁元帝亲手画的蝉雀白团扇和马图，也是一般人难以赶上的。武烈太子特别擅长人物写生，对于座上的宾客，他随手勾画，就成了几个人像，拿去问小孩，小孩都能知道这几个人像画的是谁。萧贲、刘孝先、刘灵都是除文学之外，又擅长绘画的人物。平时他们鉴别赏玩的古今名画，特别当成宝贝珍爱。但习画的人如果官职没有通达显赫，就经常被公家或私人叫去为他们画画，这也是一项苦差事。吴县的顾士端做过湘东王国侍郎，后来担任镇南府刑狱参军，他有个儿子叫顾庭，在梁朝任中书舍人。他们父子俩都会弹琴和书法，尤其绘画技艺很高，所以也经常被梁元帝叫去画画，父子俩常常感到羞愧和愤恨。彭城的刘岳是刘橐的儿子，任骠骑府管记、平氏县令，是位有才学的豪爽之士，他绘画的水平无人可及。后来他随同武陵王萧纪进入蜀地，武陵王的军队在下牢失败以后，他被陆护军遣去画支江寺的壁画，与工匠们混杂在一起。假如以上三位贤人都不懂得绘画，而是专攻儒学，难道会蒙受这种耻辱吗？

原 文

　　弧矢①之利，以威天下，先王所以观德择贤，亦济身之急务也。江南谓世之常射，以为兵射，冠冕儒生，多不习此；别有博射②，弱弓长箭，施于准的③，揖让升降④，以行礼焉。防御寇难，了无所益。乱离之后，此术遂亡。河北文士，率晓兵射，非直⑤葛洪一箭，已解追兵，三九⑥宴集，常縻⑦荣赐。虽然要轻禽，截狡兽，不愿汝辈为之。

注 释

①弧矢：弓箭。②博射：我国古代一种游戏性的习射方式。③准的：箭靶。④揖让升降：指"博射"的礼节。⑤直：只。⑥三九：三公九卿。⑦縻（mí）：得到。

译 文

弓箭的锋利可以威服天下，前代帝王以此观察人的德行，选择贤才，也是保全自身的紧要事情。江南地区称社会上的一般习射为兵射，仕宦人家的读书人大多不操习它；另有一种博射，用软弓长箭，射在箭靶上，讲究揖让进退，以此表达礼节。对于防御敌寇却毫无用处。战乱之后，这种射法也不再出现了。河北的文人大都懂得兵射，不但能像葛洪那样，用它来防身，而且在三公九卿出席的宴会上，常靠它分到赏赐。虽然如此，但遇到那些拦轻捷的飞禽、截狡猾的野兽的围猎，我还是不愿你们去参加。

原 文

卜筮^①者，圣人之业也；但近世无复佳师，多不能中。古者，卜以决疑，今人生疑于卜，何者？守道信谋，欲行一事，卜得恶卦，反令怃怃^②，此之谓乎！且十中六七，以为上手^③，粗知大意，又不委曲^④。凡射奇偶，自然半收，何足赖也。世传云："解阴阳者，为鬼所嫉，坎壈贫穷，多不称泰。"吾观近古以来，尤精妙者，唯京房^⑤、管辂^⑥、郭璞^⑦耳，皆无官位，多或罹灾，此言令人益信。倘值世网^⑧严密，强负此名，便有诖误，亦祸源也。及星文风气，率不劳为之。吾尝学《六壬式》^⑨，亦值世间好匠，聚得《龙首》《金匮》《玉轮变》《玉历》十许种书，讨求无验，寻亦悔罢。凡阴阳之术，与天地俱生，亦吉凶德刑^⑩，不可不信；但去圣既远，世传术书，皆出流俗，言辞鄙浅，验少妄多。至如反支^⑪不行，竟以遇害；归忌^⑫寄宿，不免凶终：拘而多忌，亦无益也。

注 释

①卜筮：古时预测吉凶，用龟甲称卜，用蓍草称筮，合称卜筮。②怃怃：忧惧不安的样子。③上手：上等手艺。④委曲：这里是详尽的意思。⑤京房：西汉人，字君明。善占卜。后被处死。⑥管辂：三国时期魏人，字公明。善占卜。⑦郭璞：晋朝人。字景纯。好经术，通阴阳历算、卜筮之术。后被王敦所杀。⑧世网：比喻社会上法律礼教、伦理道德对人的束缚。⑨《六壬式》：《隋书·经籍志》著录《六壬式经杂占》九卷，《六壬释兆》六卷。⑩德刑：恩泽与处罚。⑪反支：古代术数星名之说，以反支日为禁忌之日。⑫归忌：不宜回家的忌日。

译 文

卜筮是圣人从事的职业，但近代还没有好的巫师，所以卜筮的结果大多不能应验。古时候，用占卜来解决疑惑，现在的人却因为占卜而产生疑惑，这是什么原因呢？一个人恪守道义，相信自己的谋划，打算去干一件事，却卜得一个恶卦，反而使他忧惧不安，这就是人们所说的因占卜而产生疑惑的情况吧！况且今人十次占卜有六七次应验，就被看成占卜高手，那些对占卜术只是粗知大意，对情况又不详尽了解的人，对是或否两种结果进行占卜，自然也就只能有一半应验了。这种占卜术有什么值得信赖的呢？社会上流传说："懂得阴阳之术的人会被鬼所妒嫉，其命运坎坷，穷困潦倒，大多不得平安。"我看近古以来特别精通占卜术的人只有京房、管辂、郭璞，他们都没有得到官位，多遭受了灾

祸，这句话就使人更加相信了。如果碰到世网严密，勉强地背上善于占卜的名声，就会产生失误，这也是招来祸患的根源。至于观察天文气象以预测吉凶之事，你们一概不要去做。曾经我学习过《六壬式》，也遇到过社会上的好术士，搜集到《龙首》《金匮》《玉轮变》《玉历》等十来种书，对它们进行研究探讨却没有效验，随即就为此感到后悔。阴阳之术与天地一齐产生，这也是上天对人间昭示吉凶、施加恩泽和惩罚的手段，不可不相信；但我们距离圣人的时代已经很远，社会上流传的有关阴阳术数的书都出自平庸者之手，语言粗鄙肤浅，应验的少，虚妄的多。至于像反支日不宜出行，可有人照样遇害；归忌日需寄宿在外，可有人还是不免惨死。说明这类说法死板而多禁忌，也是没有什么好处的。

原 文

算术亦是六艺①要事，自古儒士论天道，定律历者，皆学通之。然可以兼明，不可以专业。江南此学殊少，唯范阳祖暅②精之，位至南康③太守。河北多晓此术。

注 释

①六艺：古代教育学生的六种科目，谓指礼、乐、射、御、书、数。②祖暅（gèng）：南朝梁人，字景烁。古代著名数学家祖冲之之子。③南康：郡名，治所赣县（即今江西赣州）。

译 文

算术也是六艺中很重要的一项，自古以来，学者们谈论天文、制定律历都要懂得它，但是这门学问可以附带地掌握，不可以把它作为专业。江南地区懂得这门学问的人很少，只有范阳的祖暅精通它，祖暅这人官至南康太守。河北地区的人大多通晓这门学问。

原 文

医方之事，取妙极难，不劝汝曹以自命也。微解药性，小小和合①，居家得以救急，亦为胜事，皇甫谧，殷仲堪则其人也。

注 释

①小小：稍稍。和合：调合，这里是配药方的意思。

译 文

看病开药方的事要想达到精妙的地步是很困难的，我不想劝你们以此作为追求的目标。只要稍微懂一点药性，能配一点药方，家中能够以此救急，也就是一桩好事了，皇甫谧、殷仲堪就是这样的人。

原 文

《家语》曰："君子不博①，为其兼行恶道故也。"《论语》云："不有博弈②者乎？为之，犹贤乎已。"然则圣人不用博弈为教；但以学者不可常精，有时疲倦，则傥为之，犹胜饱食昏睡，兀然端坐耳。至如吴太子以为无益，命韦昭论之；王肃、葛洪、陶侃③之徒，不许目观手执，此并勤笃之志也。能尔为佳。古为大博则六箸④，小博则二茕，今无晓者。比世所行，一茕十二棋，数术浅短，不足可玩。围棋有手谈、坐隐⑤之目，颇为雅戏；但令人耽愤，废丧实多，不可常也。

注 释

①博：博戏，又叫局戏，为古代一种游戏，六箸十二棋。②弈：围棋。③王肃：三国时期魏人。字子雍。著名经学家。葛洪：东晋道教理论家。陶侃：西晋人。陶在任荆州刺史时，见佐吏玩博戏、围棋，就将上述器具投之于江。④箸：博戏时所用竹棍。⑤手谈、坐隐：均为下围棋的别称。

译 文

《孔子家语》说："君子不玩博戏，是因为博戏也会使人走入邪道。"《论语》说："不是有玩博戏、下围棋的游戏吗？玩玩这些，也比什么都不干好。"那么圣人是不用博戏、围棋作为施教手段的。只要读书人不时时专于此道，有时疲倦，偶尔玩玩，比吃饱了饭整天昏睡，或呆呆地坐着要好。至于像吴太子认为下围棋无益，叫韦昭写文章论述它的害处；王肃、葛洪、陶侃不许眼观棋盘、手执棋子，这些都是对本职工作勤

奋专心的表现。能够这样当然好。古时候玩大博用六根竹棍，小博用两个骰子，现在已经没有懂得这种玩法的人了。现在流行的玩法是用一个骰子、十二个棋子，术数浅短，不值得一玩。围棋有手谈、坐隐等名目，是一种颇为高雅的游戏；但使人沉溺其中，旷废丧失的事确实太多，不可经常玩。

精彩点拨

　　作者在这一篇主要讨论了书法、绘画、骑射、博弈、投壶、算术、医学等技艺。他认为这些特长或技艺，或者可以修身，或者可以怡情，或者有助于生活。作者对这些技艺持有"微须留意"的态度，认为不可专精，否则可能玩物丧志。通过作者的叙述，我们可以从中窥视晋宋以来这些"杂艺"的发展水平。作者认为，看病开药方的事要想达到精妙的地步是很困难的，只要稍微懂一点药性，能配一点药方，家中能够以此救急，就是一桩好事了。并且列举皇甫谧、殷仲堪为典型事例。文章层次分明，条理非常清晰。"懂得阴阳之术的人会被鬼所妒嫉，其命运坎坷，穷困潦倒，大多不得平安。""我看近古以来特别精通占卜术的人只有京房、管辂、郭璞，他们都没有得到官位，多遭受了灾祸，这句话就使人更加相信了"，这些观点带有一定的迷信色彩，这是由于作者所处时代的局限性所致。我们在阅读过程中要选择性地吸收营养，不可全盘接受。

阅读积累

家语

　　《孔子家语》，又名《孔氏家语》，或简称《家语》，儒家类著作。原书二十七卷，今本为十卷，共四十四篇。是一部记录孔子及孔门弟子思想言行的著作。今传本《孔子家语》共十卷四十四篇，魏王肃注，书后附有王肃序和《后序》。《孔子家语》的真实性与文献价值越来越为学术界所重视。宋儒重视心性之学，重视《论语》《孟子》《大学》《中庸》，但与这四书相比，无论是在规模上，还是在内容上，《孔子家语》都要高出很多。由《家语》的成书特征所决定，该书对于全面研究和准确把握早期儒学非常有价值。从这个意义上说，该书完全可以当得上"儒学第一书"的地位。

终制第二十

精彩导读

　　所谓终制，就是送终的礼制。本篇是作者给后人提出的要求，相当于现在的遗嘱。颜之推生活在动荡不安的南北朝，一生坎坷不平。在即将离开人世之际，对于百年之后的事情，他又是怎样叮嘱后人的呢？让我们一起来品读该书的最后一篇。

原文

　　死者，人之常分①，不可免也。吾年十九，值梁家丧乱，其间与白刃为伍者，亦常数辈②；幸承余福，得至于今。古人云："五十不为夭。"吾已六十余，故心坦然，不以残年③为念。先有风气④之疾，常疑奄然⑤，聊书素怀，以为汝诫。

注释

　　①常分：定分。②辈：次。③残年：人将尽的岁月。指晚年。④风气：病名。⑤奄然：奄忽。此指死亡。

译文

　　死亡是人间常有的事，不可避免。在我十九岁的时候，恰好梁朝动荡不安，许多日子是在刀剑丛中度过的，多亏祖上的保佑，我才活到了今天。正如古人所说的："活到五十岁就不算短命了。"现在我已经有六十多岁了，所以心里异常平静，也很坦然，没有后顾之忧。以前我患有风湿病，常常怀疑自己会突然死去，因此在这里记下我自己的一些想法，也算是对你们的嘱咐或者训诫吧。

原文

　　今年老疾侵，傥然奄忽①，岂求备礼乎？一日放臂，沐浴而已，不劳复魄，殓②以常衣。先夫人弃背之时，属世荒馑③，家涂空迫，兄弟幼弱，棺器率薄，藏④内无砖。吾当

松棺二寸，衣帽已外，一不得自随，床上唯施七星板；至如蜡弩牙、玉豚、锡人之属，并须停省，粮罂⑤明器，故不得营，碑志旒旐⑥，弥在言外。载以鳖甲车，衬土而下，平地无坟；若惧拜扫不知兆域⑦，当筑一堵低墙于左右前后，随为私记耳。灵筵勿设枕几，朔望祥禫，唯下白粥清水干枣，不得有酒肉饼果之祭。亲友来餕酹⑧者，一皆拒之。汝曹若违吾心，有加先妣，则陷父不孝，在汝安乎？其内典功德，随力所至，勿刳竭生资，使冻馁也。四时祭祀，周、孔所教，欲人勿死其亲，不忘孝道也。求诸内典，则无益焉。杀生为之，翻增罪累。若报罔极之德，霜露之悲，有时斋供，及七月半盂兰盆，望于汝也。

注 释

①奄忽：死亡。②殓（liàn）：给死者穿衣入棺。③荒馑：饥荒。④藏：墓穴、坟墓。⑤粮罂：盛粮的陶器，大肚小口，古代墓葬用为明器。⑥旒旐（liú zhào）：指铭旌。⑦兆域：墓地四周的疆界，亦称墓地。⑧酹（lèi）：以酒浇地，表示祭奠。

译 文

现在我年纪已老且疾病缠身，倘若突然死去，是不是会要求你们对我礼仪周备呢？哪一天我死了，只要求为我沐浴遗体而已，不劳你们行复魄之礼，身上只需穿着普通的衣服。你们的祖母去世的时候，正碰上闹饥荒，家庭境况空乏窘迫，我们几兄弟都还年幼单弱，因此，你们祖母的棺木就很简朴单薄，墓内连砖也没有一块。我也只应当备办二寸厚的松木棺材一口，除了衣服帽子以外，其他东西一概不要随身带去，棺材底部只需放一块七星板。至于像蜡弩牙、玉豚、锡人这类东西，都应该裁撤不用，粮罂明器本来就不要去料理，更不用提碑志铭旌了。棺材用鳖甲车运载，墓底用土衬垫就可下葬，墓的上面是平地而不要垒坟。如果你们担心拜祭扫坟时不知道墓地的界线，就要在墓地的左右前后修筑一堵低墙，顺便在上面做一个标志。灵床上不要设置枕几，每逢朔日望日祥禫祭奠，只需用白粥清水干枣等物，不许用酒肉饼果作祭品。亲友们来奠祭的，要一概谢绝。如果你们违反了我的心愿，把我的丧礼规格置于你们祖母之上，那就是把我陷于不孝的境地，你们能够心安吗？至于念佛诵经等佛教功德，可量力而行，不要因此而耗尽资财，使你们遭受冻馁之苦。一年四季对先辈行祭祀之礼，这是周公、孔子所教于我们的，是希望人们不要忘记他们死去的亲人，不要忘记孝道。如果要到佛经中去寻找根据，就没有什么好处了。靠杀生来进行祭祀活动，反而会增加我们的罪过。如果你们要报答父母的恩德，抒发思念亲人的伤悲，那么除了有时候供奉斋品外，到每年七月十五的盂兰盆节，我也是盼望能得到你们的斋供的。

原文

孔子之葬亲也，云："古者墓而不坟。丘东西南北之人①也，不可以弗识②也。"于是封③之崇四尺。然则君子应世行道④，亦有不守坟墓之时，况为事际⑤所逼也！吾今羁旅，身若浮云，竟未知何乡是吾葬地；唯当气绝便埋之耳。汝曹宜以传业扬名为务，不可顾恋朽壤⑥，以取埋没⑦也。

注释

①东西南北之人：指到处漂泊，居无定所。②识：标志，记号。③封：积土为坟。④应世：应付世事。行道：实践自己的主张。⑤事际：情势。⑥朽壤：腐土，此指坟墓。⑦埋（yān）没：埋没。

译文

孔子在安葬父母亲的时候说："古时候，只筑墓而不垒坟。我孔丘是东西南北漂泊不定之人，墓上不可以没有标志。"于是就垒了四尺高的坟。那么君子应付世事，实践自己的主张，也有不能守着坟墓的时候，何况是为情势所逼迫啊！现在我客居他乡，身子像浮云一般漂泊不定，竟然不知道哪方乡土是我的埋葬之地，只应该断气后便就地埋葬。你们应该以传承家业播扬名声为己任，不可顾恋我葬身的墓地，以致埋没了自己。

精彩点拨

终制及送终之制类似现在的遗嘱。作者细说了自己一生的坎坷遭遇，并且抒发了未能将父母的灵柩迁葬故土的负疚心情。作者预先安排自己的身后之事。他叮嘱子女将其薄葬，不要因为他守墓而耽误前程。处处表现出长辈对晚辈的理解、关爱，以及为子女的从长计议。颜之推的遗嘱让后辈对他肃然起敬。在今天，他在文中所表达的厉行节约，以及反对铺张浪费的观点仍然有着很重要的意义。

阅读 积累

名言警句

1. 兄弟之际，异于他人，望深则易怨，地亲则易弨。——《兄弟篇》

2. 夜觉晓非，今悔昨失。——《序致篇》

3. 父母威严而有慈，则子女畏慎而生孝矣。——《教子篇》

4. 婚姻勿贪势家。——《止足篇》

5. 巧伪不如拙诚。——《名实篇》

6. 人之事兄，不可同于事父，何怨爱弟不及爱子乎？——《兄弟篇》

7. 凡庸之性，后夫多宠前夫之孤，后妻必虐前妻之子。——《后娶篇》

8. 奢则不孙，俭则固。与其不孙也，宁固。——《治家篇》

9. 生民之本，要当稼穑而食，桑麻以衣。——《治家篇》

10. 钝学累功，不妨精熟。——《文章篇》

11. 是以父不慈则子不孝。——《治家篇》

12. 观天下书未遍，不得妄下雌黄。——《勉学篇》

13. 自古明王圣帝，犹须勤学，况凡庶乎！——《勉学篇》

14. 止凡人之斗阅，则尧、舜之道不如寡妻之诲谕。——《序致篇》